Hybrid CAR

하이브리드카

신세대엔진/연료전지차

www.gbbook.co.kr

글머리에

이 책은 자동차에 관심있는 분들을 위해 새로운 동력발생장치에 대해서, 그리고 이것이 장래에 어떻게 변모될 것인가를 가장 편안하게 내용 접근을 하였다.

요즘 생산되는 모든 자동차는 전자제어 기술의 발달로 엔진을 섬세하게 컨트롤할 수 있게 되었다. 그러므로 지금까지 서로 상반된 성능이 양립할 수 있게 되었고, 높은 기술수준으로 균형을 이루게 되었다. 즉, 이것은 엔진이 점점 블랙박스화되는 과정이라고 말할 수 있다.

액셀러레이터를 밟는 양에 따라 스로틀 밸브가 열리는 것이 지금까지의 상식이었지만 이제는 엔진의 상태에 따라 전자제어에 의해 스로틀 밸브가 열리는 양을 제어한다는 것이다.

말하자면 직접 민주주의에서 간접 민주주의로 되었다고나 할까? 어쨌거나 이쪽이 더 효율이 좋은 듯 하다.

선진 기술인으로 남기 위해서는 단순한 기계 작동으로 이해하려는 발상은 이미 시대에 뒤쳐진 것일지도 모른다. 그러나 이로 말미암아 엔진에 대해 관심이 사라진다면 앞으로의 자동차 기술혁신에 적응하기 힘들다. 저자로서의 바람은 '이것만큼은 알고 있어 주었으면……' 하는 마음으로 정리한 것이 이 책이다.

가솔린 엔진에 대하여 이해하고 있다면 하이브리드 자동차에 대해서도 쉽게 이해할 수 있을 것이고, 하이브리드 시스템의 이해도에 따라 연료 전지를 이해하는 데 반드시 도움이 될 수 있을 것이다.

아울러 자동차 메이커가 앞으로 어떤 방향으로 어떻게 가야 할지를 나름대로 그 좌표를 예단해 보기도 하였다.

자동차가 변한다는 것은 사회 그 자체가 변화하려는 것을 의미한다. 어떻게 변화해 나갈 것인지를 구체적으로 이해하기 위해서도 이 책은 독자들에게 조금이나마 도움이 되기를 희망하고 있다.

譯者의 말

독일에서 Auto Salon을 운영하는 이가 "작년 말부터 지금까지 일본의 도요타 하이브리드카는 독일의 온 매스컴을 도배하고 있다. 「이 차만이 친환경 자동차다」라고 하면서"라고 말한다.

그것도 가당치도 않게 '자동차 메카'라고 할 수 있는 독일에서 말이다. 미래형 자동차라고 하는 것은 결국 안전을 추구하는 친환경 자동차 생활로의 귀결을 염원하는 것이 아니겠는가. 자동차 보급이 일반화되고, 요즘 부르짖고 있는 제3의 인간 행복 공간인 '유비쿼터스'라는 행보와 맞물려 자동차는 계속 진화되고 있다.

이 책이야말로 우리나라 산업의 중추격인 자동차 메이커가 세계 시장에 살아남기 위해선 이 길로 가야만 한다.

새로운 동력발생시스템을 요구하는 배경은 무엇인가를 답해주고 있고, 그 엔진에 요구되는 성능항목을 나열하고 있다. 그러려면 연비가 좋은 가솔린과 디젤엔진의 개발의 문제점, 개선의 가능성, 그 동향을 제시하고 있다.

또 독일 바닥 시장에서 하이브리드카만이 친환경 자동차라고 호언장담하는 하이브리드카! 이 시스템의 개요, 분류, 구성부품, 개발 경과, 문제점 그리고 앞으로의 동향을 찬찬히 조명하고 있다.

끝으로 연료전지차의 시스템 원리와 문제점, 개발경과, 수소탑재법과 생성법, 세계 메이커들의 전지차 개발과 그 동향을 밝히고 있다. 아쉬운 것은 이러한 시스템이 우리 손으로 계발·발전되어 자동차 메커니즘을 선도하는 주도국이 되었으면 얼마나 좋을까.

차제에 정부와 메이커들의 합작으로 토종의 우수성이 세계를 지배하기를 간절히 소망한다.

2007년 5월

글실은
순서

제 03 장 로터리 엔진의 최신 기술

제 04 장 연비가 좋은 디젤 엔진의 동향

제 05 장 하이브리드카의 특징과 앞으로의 동향

제 06 장 연료 전지차의 특징과 메이커 동향

제1장

새로운 시대의
자동차 엔진은
어떻게 바뀌나?

1-1 엔진에 요구되는 성능

자동차의 동력은 현재 가솔린 엔진이 주류를 이루고 있지만 이를 대신할 새로운 동력이 요구되고 있어서 앞으로 크게 바뀔 가능성이 대두되고 있다. 오랜 기간 사용되었던 내연기관이 그 자리를 넘겨주어야 할 시기가 그리 멀지 않았다는 뜻이다. 물론 그러한 말을 듣는 것은 이번이 처음은 아니고 과거에도 몇 차례나 가솔린 엔진은 그 지위를 차세대 동력에게 양보할 듯이 보였다.

1960년대 초에는 가스 터빈이나 전기 모터 등이 등장했고 연료 전지는 이미 이 때부터 차세대 동력으로 유력시 되어 왔다. 원자력으로 움직이는 자동차가 나올 것이라는 예견도 나왔다.

그러나 21세기가 된 지금도 가솔린 엔진이 주류라는 사실에는 변함이 없다. 1960년대 밖에 모르는 사람은 이 사실이 의외일 지도 모른다. 인간의 지혜란 대수롭지 않으며, 그다지 진화하지 않는 것이라고 생각할 지도 모른다. 그러나 그것은 틀린 생각이다. 가솔린 엔진이 상상을 초월해서 발전된 것이야말로 지금까지도 주류를 고수할 수 있었던 가장 큰 이유인 것이다.

1960년대 초에는 전자제어 기술이 이렇게 발전하여 가솔린 엔진이 높은 효율을 발휘할 것이라고는 아무도 예측하지 못했다. 배기가스 규제나 연비 문제 등 환경에 대한 배려가 중요성을 띄게 되었어도 종합적으로 볼 때 가솔린 엔진 이상으로 우수한 동력이 출현되지 않았던 것이다.

그러나 석유 자원의 고갈, 배기가스 문제 등을 근본적으로 해결하기란 불가능하다는 점이 가솔린 엔진의 한계성이다. 가솔린 엔진의 장래는 결코 밝지만은 않은 것이다. 그렇지만 지금 당장 그 지위를 빼앗을 정도의 우수한 동력이 출현할 기미는 없다. 그렇기 때문에 하이브리드 자동차(Hybrid vehicle)가 주목을 받는 것이며, 많은 메이커에서 연료 전지 자동차의 개발에 힘을 쏟고 있는 것이다.

적어도 5년이나 10년 단위로 본다면 가솔린 엔진이 계속해서 주류를 이룰 것이라는 사실은 틀림없다. 하이브리드 자동차가 보급된다 하더라도 그 대부분은 가솔린 엔진이나 디젤 엔진의 동력에 의존하는 형태일 것이다. 여기에 대한 자세한 사항은 하이브리드 자동차 항에서 살펴보기로 하자.

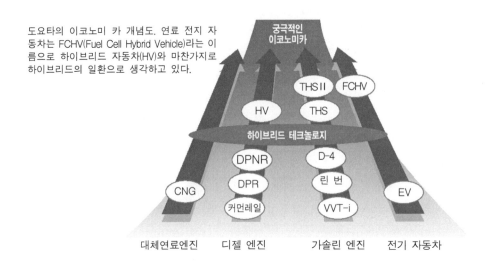

도요타의 이코노미 카 개념도. 연료 전지 자동차는 FCHV(Fuel Cell Hybrid Vehicle)라는 이름으로 하이브리드 자동차(HV)와 마찬가지로 하이브리드의 일환으로 생각하고 있다.

아래는 Well to Wheel(우물에서 바퀴까지)이라 불리는, 에너지원을 채취에서부터 수송, 가공을 거쳐 차량의 연료로 사용하기까지의 종합 효율을 도요타가 계산한 것으로 역시 연료 전지 자동차가 종합 효율에서 우수하다.

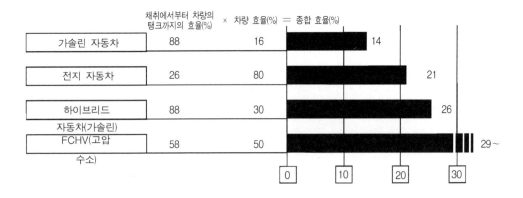

	채취에서부터 차량의 탱크까지의 효율(%)	× 차량 효율(%) = 종합 효율(%)
가솔린 자동차	88	16 / 14
전지 자동차	26	80 / 21
하이브리드 자동차(가솔린)	88	30 / 26
FCHV(고압 수소)	58	50 / 29~

여기에서 우리는 왜 가솔린 엔진이 주역의 자리를 고수할 수 있는지에 대해 생각해볼 필요가 있다. 자동차용 동력이라는 면에서 종합적으로 볼 때에 현재 가솔린 엔진 이상으로 실용적인 것이 없다. 다음에 열거한 자동차용 동력 발생장치로서의 조건을 높은 수준으로 만족시키고 있기 때문이다.

① **동력 성능이 우수하다.** 즉, 주행에 필요한 토크와 파워를 갖추고 있다. 오랜 기간의 기술의 축적으로 동력 발생장치에 요구되는 기본 성능이 이미 충분한 수준이다.

② **제작비가 싸다.** 대중 상품이란 생산 단가가 낮아야 할 것이 기본이다. 이미 생산 시설을 갖추고 대량 생산함으로서 제작비를 낮추고 있는 가솔린 엔진은 이

점에서 매우 유리하다. 비싼 돈을 들여 만들어 놓은 설비를 오래 사용하는 것이 제작 단가의 절감으로 이어진다. 따라서 새로운 동력으로 대체한다는 것은 바람직하지 않다는 측면이 있다.

③ **유지비가 싸고, 연료의 공급이 용이하다.** 석유 가격이 오르면 가솔린 엔진의 우위성은 떨어지지만 현재로서는 걱정 없는 수준이다. 수많은 주유소가 있기 때문에 연료 공급이 매우 쉬우며, 이처럼 인프라가 정비되어 있다는 점 또한 상당히 중요한 요소이다.

④ **환경에 대한 부하가 적다.** 가솔린 엔진은 배기가스 규제를 통과해야 하는 숙제가 있고 그런 면에서는 하이브리드 자동차나 연료 전지 자동차가 유리한 조건이긴 하지만 엄격한 규제에 대한 기술의 발전도 더불어 이루어지는 가솔린 엔진도 지금은 전자제어 기술을 비롯한 기술의 발전도 상당한 수준까지 만족시키고 있다.

⑤ **가볍고 간단하다.** 자동차의 크기가 동일하다면 사람이나 화물을 싣는 공간이 클수록 실용성이 높다. 따라서 동력 발생방치는 작고 가벼울수록 좋은데 현재로서는 가솔린 엔진이 유리하다.

⑥ **신뢰성과 내구성이 있다.** 고장이 잘 나지 않고 어떠한 가혹한 조건하에서도 원활하게 기능을 발휘하는 일이 중요한데 오랜 기간동안 기술의 발전과 더불어 가솔린 엔진은 가장 안심하고 사용할 수 있는 동력이다.

이렇게 보면 가솔린 엔진이 앞으로 불리한 점이라면 ③ 저렴한 유지비와 ④ 환경 친화성 등의 두 가지임을 알 수 있다. 가솔린 엔진은 이 두 가지의 마이너스 요인에 개량을 거듭함으로서 그 수명을 연장해 왔던 것이다. 따라서 연료 전지가 가솔린 엔진보다 절대적으로 취약한 ② 제작비 ③ 연료 공급 ⑥ 신뢰성·내구성 면에서 얼마나 가솔린 엔진에 근접할 수 있는가가 가장 큰 열쇠가 된다. 이것은 결코 쉬운 일이 아니다. 100년 이상에 걸쳐 전 세계 자동차 제조사가 기술의 발전을 위해 노력한 지금의 가솔린 엔진은 인간의 지혜가 집결된 결정체이기 때문이다.

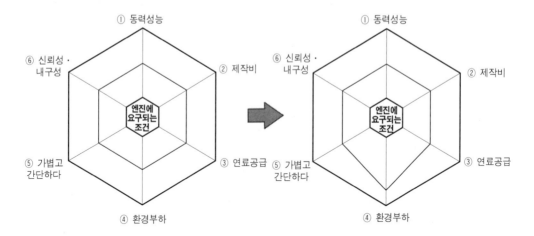

가운데 있는 라인이 동력 발생장치로서 실용화되기 위해 만족시켜야 할 수준을 나타내고 있는데 가솔린 엔진의 경우는 환경을 배려하여 오른쪽 그림과 같이 배기가스 규제가 엄격해지고 있음을 나타낸다.

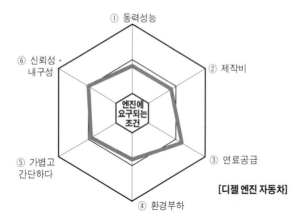

가운데 있는 육각형 라인이 가솔린 엔진 차량의 것이다. 이보다 바깥쪽에 있으면 우수하고, 안쪽에 있으면 나쁘다는 것을 나타낸다. 이것을 보면 연료 전지 자동차의 과제가 무엇인지 이해가 빠르다.

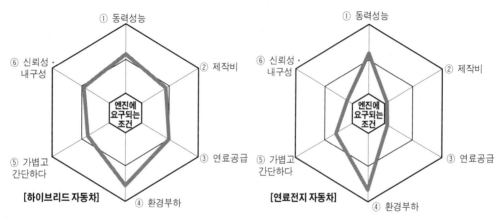

가운데 있는 육각형 라인이 가솔린 엔진 차량의 것이다. 이보다 바깥쪽에 있으면 우수하고, 안쪽에 있으면 나쁘다는 것을 나타낸다. 이것을 보면 연료 전지 자동차의 과제가 무엇인지 이해가 빠르다.

클린 에너지 차량의 판매 경과

(단위 : 대)

	1995년도	1996년도	1997년도	1998년도	1999년도	2000년도	2001년도
전기 자동차	2,500	2,600	2,500	2,400	2,600	3,800	4,700
하이브리드 자동차	176	200	3,700	22,500	37,400	50,400	74,600
천연가스 자동차	759	1,211	2,093	3,640	5,252	7,811	12,012
메탄올 자동차	311	314	300	279	222	157	135
디젤 대체 LPG 자동차	7,272	7,883	8,888	9,950	10,955	12,602	14,962
합계	11,018	12,208	17,481	38,769	56,429	74,770	106,409

전동차량협회, 일본가스협회, 일본 LP가스협회, 운수저공해차 보급기구 조사

1-2 새로운 동력 발생장치를 원하는 배경

자동차는 그 생산 대수가 점점 증가되어 세상 사람들이 풍족해짐과 더불어 보유 대수도 증가되고 있다. 특히 중국이나 인도 등 인구가 많은 나라에서 처음으로 자동차를 소유하게 된 사람들이 대량으로 출현하고 있다.

이것은 자동차 제조사로서는 환영할 일이겠지만 지구 환경을 생각한다면 무작정 좋아할 만한 일은 아니다. 자동차가 배출하는 이산화탄소(CO_2)량이 증가하여 지구의 환경에 미치는 영향은 심각해지지 않을 수 없다. 배기가스를 배출시키는 내연 기관을 과연 계속해서 사용해야 할 것인가라는 논란이 끊이지 않는 것도 당연한 일이다.

화석 연료인 석유의 매장량도 문제가 있고, 증가 일로를 걷는 에너지 사정을 고려하면 석유를 대신할 새로운 에너지를 찾아야 한다. 가장 유력한 것이 수소이지만 수소를 에너지로 사용할 수 있으려면 앞으로도 상당한 시간이 필요하며, 그 때까지는 기존의 석유 연료를 효율적으로 사용해야 할 필요가 있다. 쓸데없는 손실을 줄이고 효율을 높이려는 노력이 중요해진다. 따라서 가솔린 엔진의 연비 향상과 하이브리드 기관을 채용할 것이 주목을 받는 것이다.

■ 배기가스 규제와 새로운 동력의 가능성

자동차가 배출하는 유해 물질을 감소시키기 위해 가솔린 엔진에 대한 규제가 점차 엄격해지고 있다. 제조사 측도 처음에는 규제를 통과하기 위해 고생을 많이 했지만 기술의 발전이 이루어짐에 따라 규제 시기를 훨씬 앞당겨 통과하기에 이르렀으며, 배출량의 규제 값도 크게 밑돌 수 있게 되었다.

다양한 에너지 중에서 장기적으로는 수소가 유력시되고 있다.

행정 측에서도 제조사의 이러한 배기가스 대책의 효과를 높이기 위해 우대 조치를 실시하게 되었다. 이것이 배출가스 저감의 수준을 알기 쉽게 나타낸 별 마크 제도이다. 이러한 시대적 요청을 배경으로 자동차 제조사는 구체적으로 대응할 준비를 하고 있다.

캘리포니아 로스앤젤레스는 세계에서 가장 처음으로 자동차 배기가스가 공해 문제로 대두되었던 곳으로서, 이곳의 규제가 자동차의 동력 방향에 큰 영향을 미치고 있다. 자동차의 사용량이 많고 자동차에 관한 사회적 문제가 처음으로 대두되어 행정 측에서 대응책을 세우는 것으로 유명하다. 즉, 여기서 문제가 되는 것은 가까운 장래에 전 세계적으로 해결해야 할 과제라는 뜻이다.

과거에는 철도 등 공공 수송기관이 존재했지만 근대 도시로 발전하는 과정에서 로스앤젤레스는 수송의 대부분을 자동차에 의존하게 되었고 그에 따라 자동차에 의한 취약점이 가장 쉽게 노출되는 도시가 된 것이다. 따라서 세계에서 가장 먼저 배기규제를 실시했으며, 그 후에도 자동차 배기가스의 정화에 힘을 쏟는 등 전 세계에서 가장 엄격한 규제를 하고 있다. 모든 자동차 제조사는 캘리포니아의 규제를 의식해서 기술을 개발하는 것이 장래를 위해 필수불가결한 조건이 되었다.

캘리포니아에서는 1994년에 그 때까지와는 비교도 안 되는 엄격한 규제를 실시하게 되었다. 이것은 장기적인 전망으로 본 규제로서 규제값을 점차적으로 엄격하게 적용한다는 것이다. 과도적 저低 이미션(TLEV)을 시작으로 2년 후에는 저低 이미션(LEV)으로 이행하고, 초저超低 이미션(ULEV), 1998년에는 제로Zero 이미션(ZEV)을 도입하게 되었다.

제로 이미션 자동차란 말 그대로 배기가스의 유해성분이 제로인 자동차를 각 제조사가 만들어야 한다는 규제로서 1998년에 전 생산 대수의 20%로 의무화되었다. 이 때의 제로 이미션 자동차는 전기 자동차를 가리키는 말이다. 따라서 이 규제를 실시하게 된 1994년부터 4년 사이에 실용적인 전기 자동차를 개발하는 것이 메이커에게 부과된 과제였던 것이다.

이 결정은 장기적으로 배기가스가 전혀 나오지 않는 자동차를 주류로 하겠다는 매우 혁신적인 내용을 담고 있었다. 즉 100년 이상에 걸쳐 주류의 자리를 지켜왔던 가솔린 엔진이 그리 멀지 않은 장래에 그 사명을 다하게 된다는 전망을 제시한 것이다. 이를 대신할 유력한 동력으로 전기 모터가 지명을 받게 되었다.

그러나 전기 자동차는 취약점이 하나 있었는데 바로 배터리의 탑재가 문제였다. 가솔린 엔진과 똑같이 주행하기 위해서는 크고 무거운 배터리를 탑재함에 따라 자동차의 중량도 무거워져 더더욱 전력을 소비하는 악순환에 빠지는 것이다. 제작비가 저렴하여 주류를 이루었던 납산 배터리로는 실용적인 자동차를 만들기에는 턱없이 역부족이었다. 이 보다 에너지 밀도가 높은 니켈 수소 배터리나 리튬 이온 배터리조차 실용적인 수준과는 거리가 멀었다.

그러나 전기 자동차의 판매가 의무화 된 이상 개발을 미룰 수는 없었기에 전기 자동차의 개발은 꾸준히 이어졌지만 배터리의 개량은 뜻대로 진척되지 않았고 여전히 크고 무거웠다. 전기 자동차는 공항이나 공원 등 한정된 지역에서 사용하는 것이 적합하다는 인식이 일반화되면서 일반 승용차를 대신하기는 어렵다는 생각이 지배적이었다.

각 제조사는 전기 자동차의 개발에 힘을 쏟았다. 배터리의 개량, 모터의 효율성 향상 등 실용화를 위한 노력은 그칠 줄 몰랐다. GM사는 성능의 향상을 위해 공력적으로 우수한 전기 자동차 전용의 차체까지 개발해 놓고 있다.

일본은 미국과는 달리 강제성은 없었지만 배기가스 문제의 해결 방법으로서 1991년에는 10년 후에 연간 10만대의 전기 자동차를 생산할 것을 목표로 하는 보급책이 통산성에 의해 작성되었고 각 제조사에게 이 목표를 따를 것을 요청했다. 미국과 마찬가지로 일본도 전기 자동차의 실용화를 위해 개발이 진행되었지만 전기 자동차의 핸디캡을 극복하기에는 역부족이었다.

배출가스 규제 강화(가솔린 · LPG 승용차)

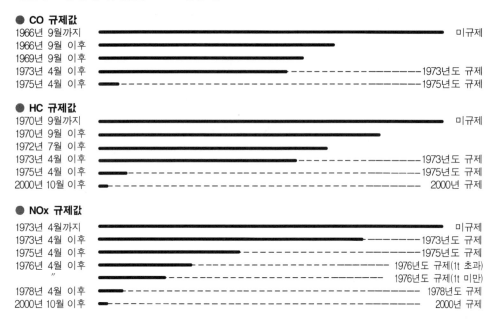

● CO 규제값

1966년 9월까지	미규제
1966년 9월 이후	
1969년 9월 이후	
1973년 4월 이후	1973년도 규제
1975년 4월 이후	1975년도 규제

● HC 규제값

1970년 9월까지	미규제
1970년 9월 이후	
1972년 7월 이후	
1973년 4월 이후	1973년도 규제
1975년 4월 이후	1975년도 규제
2000년 10월 이후	2000년 규제

● NOx 규제값

1973년 4월까지	미규제
1973년 4월 이후	1973년도 규제
1975년 4월 이후	1975년도 규제
1976년 4월 이후	1976년도 규제(1t 초과)
〃	1976년도 규제(1t 미만)
1978년 4월 이후	1978년도 규제
2000년 10월 이후	2000년 규제

● 자동차 세금의 경감

저 공해 자동차(하이브리드 자동차를 제외)
저 배출가스 인정 자동차(☆☆☆)이되 저 연비 자동차 ──▶ 50% 경감

우대 세금제는 2003년에 신조차를 신규 등록했을 경우, 다음년도에 한해 실시됨

● 자동차 취득세 경감

전기 자동차(연료 전지 자동차를 포함)
천연가스 자동차
메탄올 자동차 ──▶영업용, 자가용 2.7% 경감
하이브리드 자동차(버스, 트럭)
하이브리드 자동차(승용차) ──▶ 영업용, 자가용 2.2% 경감
저低배출가스 인정 자동차(☆☆☆)이되 저연비 자동차 ──▶ 취득 가격의 30만엔 공제

저 배출가스 자동차 인정제도의 기준

구 분	☆ 표시	저감 수준
양-저 배출 가스 자동차	☆	25% 저감 수준
우-저 배출 가스 자동차	☆☆	50% 저감 수준
초-저 배출 가스 자동차	☆☆☆	75% 저감 수준

2003년 4월부터 1년간에 걸쳐, 구입시의 자동차 취득세가 경감된다.

결과적으로 캘리포니아의 제로 이미션 자동차의 계획은 전면 수정을 피할 수 없었다. 전기 지동차로는 혁신적인 기술을 확립하지 못했기 때문에 천연가스 등 배기의 성능이 좋은 연료를 사용하는 자동차나 하이브리드 자동차가 그 대역으로 인정받게 되었고 장기적으로는 연료 전지 자동차를 제로 이미션 자동차로 하는 새로운 계획이 수립되었다.

제로 이미션 자동차(ZEV : Zero Emission Vehicle)를 대신하여 부분적 제로 이미션 자동차(PZEV : Particule Zero Emission Vehicle)라는 개념이 도입되었다. 이리하여 연료 전지 자동차가 각광을 받게 되는데 전지 자동차 개발이 무용지물이 된 것은 물론 아니다. 배터리나 모터 등을 비롯하여 발전기, 컨버터 등 공통적인 부품이 많으며, 하나같이 중요한 의미를 지니는 부품이다. 이것들은 전기 자동차의 실용화를 위해 개발하는 과정을 겪는 동안에 개량이 진척되어 그 기술을 응용할 수 있게 되었다.

■ 석유자원 고갈문제, 그리고 이산화탄소를 저감해야 하는 과제

유해 배기가스에 대한 규제뿐만 아니라 연비 향상 또한 중요한 과제로 떠오르고 있다. 특히 1990년대에 이르러 지구 환경의 온난화 현상과의 관계가 주목을 받기 시작하면서 배기가스 중의 이산화탄소(CO_2) 농도가 문제시되었다.

가솔린 엔진의 경우 이산화탄소 농도는 연소되는 가솔린 양에 비례하여 증가한다. 즉, 연비가 좋은 자동차는 탄산가스의 배출량이 적다는 뜻이므로 연비를 향상시키는 것이 중요하다.

가솔린에서 발생하는 이산화탄소의 비율로 보았을 때 자동차가 차지하는 비율이 극히 큰 미국에서는 석유의 대부분을 수입에 의존하고부터는 정부가 전략적으로도 석유의 사용량을 저감할 필요성이 커졌고 산유국에게 주도권을 빼앗기는 형세로 외교 문제를 좌우받기 싫었던 것이다.

따라서 모든 승용차와 경트럭의 평균연비 기준을 설정하고 평균연비 이하인 자동차의 제조사에게는 그 비율에 따라 판매 총대수에 벌금을 부과하는 엄격한 규제가 1978년부터 실시되었다. 첫해에는 리터당 7.65km이었고 매년 조금씩 증가시켜 1990년에는 리터당 11.69km가 평균연비의 기준으로 설정되게 되었다. 여기에 개개의 승용차에도 벌금 제도를 도입하여 연비율을 만족시키지 못할 경우 그 비율에 따른 벌금을 차량의 가격에 추가하여 판매하도록 하는 규제로서 주로 크고 무거운 승용차가 그 대상이다.

각종 에너지의 출력 밀도와 에너지 밀도 비교

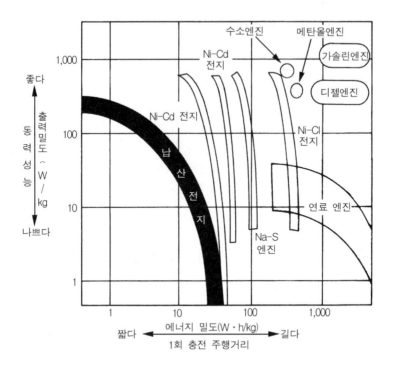

세계의 연료별 에너지 수요의 추이와 전망

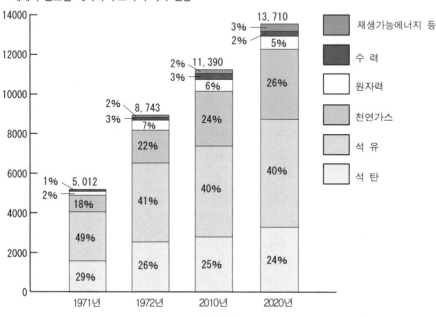

[자료 : 자원에너지 청 홈페이지]

화석 연료인 석유를 이 상태로 계속 사용해도 되는가라는 문제는 1970년대의 오일 쇼크 이후로 끊임없이 논의되어 왔으며, 그 때마다 석유의 매장량이 아직 많다는 의견으로 기울어 그 근본적인 해결에 대해서는 결론을 미루어 왔다. 그러나 이제야 그 심각성을 의식해서 자동차 동력의 혁신을 바라는 시대가 되었다. 가솔린 엔진은 계속된 발전을 통해 출력에 비해 연비가 크게 향상된 것이 사실이지만 화석 연료를 사용한다는 사실 자체가 한계라는 인식이 강해져 하이브리드 자동차나 연료 전지 차량이 주목을 받기 시작한 것이다.

석유를 대체하는 에너지원으로는 주목을 받고 있는 것은 천연가스와 수소이다. 이들은 기존의 왕복운동 기관을 기본적으로 그대로 이용할 수 있는 장점이 있지만 가솔린과 달리 저장 방법에 문제가 있으며, 공급 시스템의 인프라 정비도 불충분하여 지금 당장 대체할 수는 없다는 것이 현실이다. 가령, 천연가스는 매장량이 풍부하고 배기의 성능면도 가솔린보다 우수하지만 에너지의 밀도가 낮고 자동차에 탑재하려면 고압 가스통을 갖추어야 하는 등 연료의 저장 면에서 경제적, 공간적으로 불리하다.

이렇게 보면 지금까지와 마찬가지로 주유소를 통한 가솔린의 공급이 가능하고 연비의 향상 효과가 큰 하이브리드 시스템이 현실적인 해결책의 하나로서 주목을 받는 것은 당연하다고 할 수 있다.

제2장
가솔린 엔진의 발전과
앞으로의 방향

2-1 가솔린 엔진의 발전과 일본의 자동차 제조사

지금의 일본 자동차 제조사는 엔진 기술에 관해서는 세계의 최첨단을 걷고 있다. 굳이 취약점을 들라면 디젤 엔진 만큼은 오랜 역사와 큰 관심을 갖고 만들어왔던 유럽 자동차 제조사에 못 미치는 정도이며, 이것도 개발에 착수한다면 쉽사리 뒤지는 일이란 없을 것이다. 시대가 바뀜에 따라 가솔린 엔진에 대한 요구도 엄격해졌으며, 그에 맞추어 새로운 시대의 엔진이 계속해서 개발되어 개량이 가해지고 있다. 이것이 가솔린 엔진 발전의 원동력이 되고 있다.

■ 세계 최첨단을 가는 일본의 엔진 기술

일본의 제조사가 가솔린 엔진 분야에서 선두 역할을 하게 된 계기는 1970년대에 실시된 배기가스 규제이다. 세계적으로 엄격한 규제를 통과하기 위해 전자제어 기술이 채용되었고 이것이 그 후에 생산되는 엔진의 발전에 계기가 되었다. 전자제어 기술로 세밀하게 엔진의 각부를 컨트롤할 수 있게 됨으로서 그 때까지 실현시키기가 어려웠던 연비의 성능과 출력 성능의 양립이 가능해졌다.

엔진의 효율과 전체적인 밸런스를 철저하게 추구한 결과 엔진의 종합적인 성능 향상이 가능해진 것이며, 전자제어 기술의 발전으로 배기가스를 깨끗이 하면서 성능의 추구가 가능해진 것이 가솔린 엔진이 자동차 동력의 주류를 유지할 수 있었던 이유이다.

오랜 기간의 기술 개발의 축적을 토대로 컴퓨터를 사용한 각종 시뮬레이션 기술을 구사하여 아무리 사소한 부분이라도 가볍게 생각하지 않고 성능을 향상시킬 수 있게 된 것도 엔진의 발전을 촉진시켰다.

이러한 전자제어 기술이 도입되기 시작한 1970년대 후반에서 80년대에 걸친 약 10여년의 기간은 일본의 자동차 제조사가 가장 크게 성장한 시대이기도 하며, 수출도 호조를 보여 연구 개발에 많은 자금을 투입할 수 있었다. 이익의 배분을 우선시키지 않고 기술의 개발에 자금을 투입하는 체질을 갖고 있던 일본의 자동차 제조사는 가장 중요한 시기에 전력투구를 할 수 있었으며, 이것을 유지함으로서 세계를 리드하게 된 것이다.

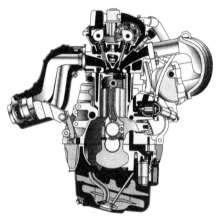

세밀한 부분까지 기술을 추구하는 일 자체가 국민성에 맞았던 것도 행운이었고 유럽에 비해 수많은 승용차 제조사가 존재했었으며, 소형 승용차 개발과 엔진 기술의 개발 경쟁이 세계에서 가장 치열했던 것도 발전을 촉진시킨 원인 중의 하나였다. 부품 제조사나 재료 제조사의 역량도 더불어 수준 향상을 이룬 점도 무시해서는 안 될 것이다.

■ 세계 자동차 제조사의 재편과 엔진 기술

현재 엔진의 발전은 모든 것이 전자제어 기술에 의한 것으로서 일본의 제조사가 이 분야에서 앞으로도 세계를 이끌어갈 것으로 보이며, 실제로 유럽과 미국의 제조사와 제휴하고 있는 일본 제조사는 소형차용 가솔린 엔진의 개발에 관해서 모두 주도권을 쥐고 있다.

① 흡기온 센서　② 스로틀 포지션 센서
③ 노킹 센서　④ 수온 센서
⑤ 산소 센서　⑥ 배기온 센서

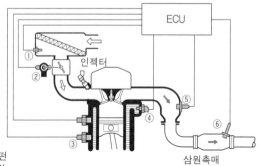

ECU는 각 센서의 신호를 토대로 엔진이 어떤 상황에 있는지를 파악하고 연료 분사량, 시간, 점화시기 등을 제어한다.

1980년대는 일본제품의 자동차는 어디서나 호평을 받았고 제조사도 활력이 넘쳤다. 그러나 거품 경제가 사라지면서 성장이 멈추고 우열의 차이가 표면화되면서 닛산은 르노, 마츠다는 포드, 미츠비시는 다임러 크라이슬러의 자본으로 제휴 관계가 성립되면서 상당한 수준까지 자주성을 상실하게 되었다. 그러나 제휴를 함으로서 스스로의 기술 수준을 세계적 안목으로 되돌아 볼 수 있는 계기가 되었으며, 자동차 기술에 관한 다각적인 관점을 지닐 수 있게 되었다.

제휴한 제조사는 기술이 뒤떨어져서가 아니라 경영적 실패가 주된 원인으로 충분한 연구 개발의 자금 투입이나 인재의 투입이 힘들어진 점은 기술의 발전이라는 점에서는 마이너스로 작용하였다. 그러나 각 제조사의 우수한 기술은 변함이 없기 때문에 외국의 자본과 제휴한 일본 제조사는 크나큰 잠재력을 갖고 있다고 볼 수 있다.

예를 들어 판매 실적으로 본다면 도요타와 닛산의 차이는 크지만 이것은 기술력의 차이는 아닐 것이다. 중요한 개발에 소홀했던 대가를 지금에 와서 치르고 있는 셈인데 시간만 들인다면 도요타와의 차이는 빠르게 좁힐 수 있는 잠재력을 가지고 있을 것이다. 단, 경영적으로 적절한 대책을 세우고 정확한 방침에 따라 연구개발에 인재와 자본을 투입한다는 조건이 있다.

승용차용 가솔린 엔진의 개발에 있어서는 해외 제조사와 제휴하고 있는 일본 제조사가 중심이 되어 개발하고 있으며, 가혹한 국제 경쟁에서 뒤지지 않기 위해서는 양산 효과를 최대한 발휘하여야 하며, 그러기 위해서는 엔진을 공용으로 하는 것이 효과적이므로 서로가 잘하는 분야를 전담하여 협력하는 일이 중요하다.

효율을 추구한 신세대 엔진의 개발부터 생산까지 자력으로는 불가능했던 일본 제조사들도 제휴를 함으로서 성능이 좋은 엔진을 개발, 생산할 수 있게 된 측면이 있다. 저마다의 생존을 위해 새로운 엔진이 연이어 탄생하고 있고 앞으로도 그럴 것이다.

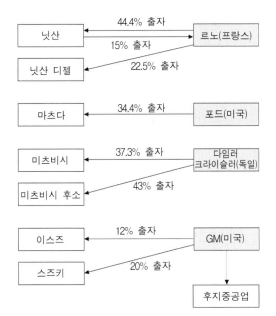

일본 제조사와 해외 제조사와의 제휴 관계

2-2 연비 개선은 어디까지 가능한가?

배기가스 규제는 일산화탄소(CO), 탄화수소(HC), 질소산화물(NOx) 등의 유해성분을 대상으로 이들의 배출량을 감소하도록 의무화되어 있으며, 이 규제는 해마다 엄격해져서 과거와는 비교조차 안 될 정도로 배출량이 감소되었다. 그래도 전세계 자동차의 보유량이 증가한다면 이러한 규제로도 효과가 작을 수 밖에 없기 때문에 장래에는 규제가 더욱 강화될 것으로 보인다. 가솔린 엔진은 말 그대로 가솔린을 연소시킨 열에너지를 운동 에너지로 바꾸는 기관이므로 배기가스를 완전히 없애는 것은 불가능하지만 그 한계가 어디에 있는지, 그리고 그 한계까지의 효율을 추구하는 것이다.

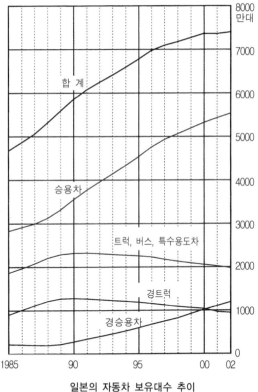

일본의 자동차 보유대수 추이

■ 배기가스 규제를 만족시킨다고 끝이 아니다

규제 대상인 유해 배기가스 성분을 최대한으로 줄이는 일 못지않게 중요한 것이 이산화탄소(CO_2)이며, 규제대상은 아니지만 가솔린을 연소시키면 발생하기 때문에 이것을 감소시키려면 연비를 향상시키는 것 밖에 없다. 지구의 온난화 대책에는 이산화탄소 발생량을 감소시키는 것이 중요한데 자동차의 엔진에서 배출되는 양이 상당한 비율을 차지하고 있다. 연비를 향상시키는 것은 화석 연료의 소비량을 줄이기 위해서 또 경제성을 높이기 위해서 필요하지만 지구의 환경을 위해서도 시급한 과제이기도 하다.

다만 가솔린 엔진의 열효율은 아무리 향상시켜도 30%대를 넘을 수 없다는 것이 통설이며, 이 한계를 높이기 위한 기술의 노력이 계속되고 있지만 자동차 부품 중에서도 가장 무거운 엔진 자체를 경량화시키는 것이 효과적이다. 엔진을 작고 가볍게 만들 수 있다면 차량의 경량화는 물론 실내 공간을 넓힐 수 있기 때문이다.

또 지금과 같이 충돌 안전성을 향상시키기 위해서는 엔진 둘레에 공간을 만들어야 유리하다. 엔진의 경량 소형화는 이러한 면에서도 필수 조건이며, 연비, 안전성 등 과거 어느 때보다도 그 필요성이 부각되고 있다.

각 제조사는 최신 기술을 구사하여 성능을 확보하면서도 작고 가벼운 엔진을 개발하고 있으며, 새롭게 개발한 엔진을 등장시키기 위해서는 생산 설비까지 모두 바꿔야하므로 제조사 입장에서는 상당한 투자가 이루어져야 하기 때문에 경제적 부담은 결코 작지 않다. 그러나 살아남기 위해서는 효율을 철저하게 추구해서 균형 잡힌 성능의 엔진을 만들어내지 않으면 안된다.

연비를 개선하기 위해서는 엔진 이외의 부분이 차지하는 비율도 물론 크지만 엔진의 성능을 발휘하는데 불가결한 트랜스미션에 무단 변속기(CVT) 채용이 증가되고 있는 것도 이와 무관하지 않다. 자동변속기(AT)에서는 토크 컨버터 방식이 주류를 이루고 있지만 제작 단가 면에서 토크 컨버터 방식과의 차이를 좁힐 수 있는 CVT의 채용이 더욱 증가될 가능성이 있다.

차량의 경량화, 소형화도 연비 개선에 효과적이므로 이를 위해 비싼 고급 재료를 사용하는 것은 아직은 최선의 방법이라고 할 수 없지만 양산 체제로 하거나 재활용으로 문제를 극복한다면 채용될 가능성이 크다. 실제로 차체를 알루미늄으로 만드는 기술은 현실성이 있으며, 공기의 저항을 감소시키는 것도 연비에 효과적이다. 또한 엔진이나 차체를 불문하고 사소한 부분까지 빠트리지 않고 기술적인 노하우를 쌓아 가는 것이 어느 때보다도 요구되는 시대가 된 것이다.

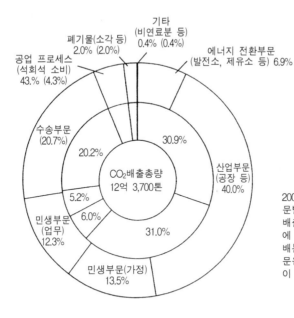

2000년도 일본에서의 CO2배출량의 부문별 내역. 안쪽 원은 각 부문의 직접 배출량을 나타내고, 바깥쪽 원은 발전에 따른 배출량을 전력 소비량에 따라 배분한 비율을 나타내고 있다. 수송부문은 전체의 5분의 1로서 그 절반 이상이 자동차 배출가스이다.

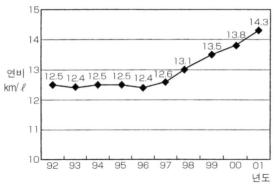

일본 자동차공업회가 조사한 가솔린 승용차 평균 연비의 추이. 1990년대 후반부터는 순조롭게 향상되고 있음을 알 수 있다.

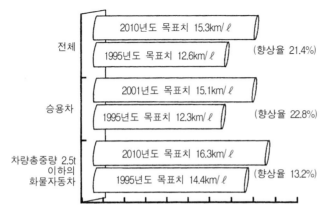

2010년도의 일본의 연비 목표치를 나타낸다. 이 목표치를 달성하기 위해 각 자동차 제조사는 기술 개발을 계속하고 있다. 자동차의 절반을 차지하는 승용차의 목표치가 높게 설정되어 있다.

2-3 가솔린 엔진의 최신 기술

가솔린 엔진의 발전은 지금도 끊임없이 이루어지고 있으며, 동력성능의 향상은 물론 어떠한 환경에서도 다루기 편하고 우수한 연비와 배기의 성능을 갖추기 위한 연구 개발이 진행되고 있다. 여기서는 현재 주목받는 기술 중에서 가변 밸브 타이밍 기구 & 리프트 기구, 휴지기통 장치, 위상점화 기구, 아이들링 스톱 기구, 직접분사 엔진, 배기 관계 등에 대한 최신 기술 동향을 살펴보면 다음과 같다.

■ 가변화 기술의 발전

엔진의 발전은 주로 밸브 구동계통이 복잡해지는 과정을 겪었다. 초기의 엔진은 흡·배기 밸브와 캠 샤프트 등의 밸브 구동계통이 실린더 블록 안에 있었고 실린더 헤드는 단순한 뚜껑에 지나지 않았다(SV). 그러나 이것으로는 공기의 흐름이 원활하지 못하기 때문에 실린더 헤드 옆으로 설치하였다가(OHV), 뒤이어 캠 샤프트도 밸브 위로 이동하게 되었고(OHC), 흡배기 밸브가 하나씩이었던 것이 두 개로 됨과 동시에 흡·배기 밸브를 구동하는 캠도 각각 독립적으로 설치하게 되었다(DOHC 4밸브).

엔진의 성능을 향상시키는 조건으로서는 ① 흡입 공기량 증대, ② 연소 개선, ③ 저항손실 저감 등이 있다. 배기가스 규제가 실시되기 이전의 최대과제는 ① 흡입 공기량의 증대였으며, 이것이 동력의 성능을 직접적으로 좌우하였다. 그러나 배기가스를 정화하기 위해 완전 연소시키는 것이 중요시 되면서 ② 연소 개선이 주목을 받기 시작하였다. 그리고 연비를 향상시키기 위해서는 추가적으로 ③ 저항손실의 저감을 무시할 수 없게 되었다. 이 세 가지 조건을 균형 있게 조정할 필요성에서 세밀하게 엔진의 각부를 제어하는 기술이 필요하게 되었다.

DOHC 4밸브화로 흡입 공기량이 확보되자 다음 단계로는 공기량을 엔진의 운전 상황에 맞추어 가변 제어하게 되었으며, 신세대 엔진의 최초 가변화는 1980년대부터 채용되기 시작한 가변 흡기 시스템이다. 엔진의 회전수가 낮을 때에는 흡입 공기량이 적어도 되기 때문에 두 개의 밸브 중 하나를 닫고 회전수가 상승하면 두 개 모두 열리도록 하는 것이다. 또한 흡기 통로는 저속회전에서는 긴 것이 유리하고 고속회전에서는 짧은 것이 좋기 때문에 흡기 매니폴드에 밸브를 설치하여 이것을 여닫음으로서 통로의 길이를 변경하는 것이다.

물론 이들의 제어는 엔진의 상황을 감시하는 센서들의 신호를 토대로 ECU가 판단해서 조절하며, 엔진의 성격은 실용성 중시형과 고속 중시형의 두 가지로 나눌 수 있는데 모든 회전 영역에 걸쳐 고른 토크와 파워를 얻을 수 있다는 이상적인 형태로의 지름길이 가변 기구인 것이다.

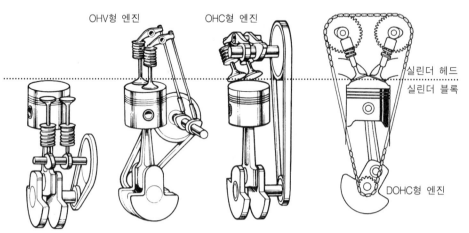

OHV형 엔진　　OHC형 엔진

실린더 헤드
실린더 블록

DOHC형 엔진

가솔린 엔진의 발전은 실린더 헤드의 복잡화를 촉진시켰다. 흡입 공기량을 증가시키는 것은 연소가 잘 이루어지기 위해서이다.

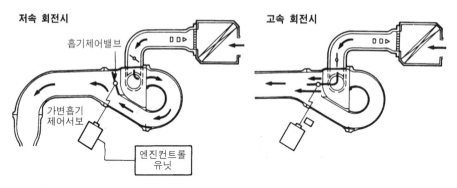

저속 회전시　　　　　　　　　　고속 회전시

흡기제어밸브

가변흡기
제어서보

엔진컨트롤
유닛

가변 흡기 시스템의 예. 흡기 제어 밸브가 닫히면 흡기관의 길이가 길어지고 열리면 짧아진다.

■ 가변 밸브 타이밍 기구 & 리프트 기구

다음 단계는 가변 밸브 타이밍 기구와 리프트 기구로서 저속에서 밸브가 열리고 닫히는 시기는 고속일 때와는 다르다. 종전에는 어느 쪽인가를 우선시킬 수밖에 없었지만 전자제어 기술의 발전으로 이처럼 서로 상반되는 요소를 양립시킬 수 있게 되었다.

VTEC Variable valve Timing and lift Electronic Control system, VVT Variable Valve Timing engine, VTC Variable Valve Timing Control 등으로 불리는 이러한 시스템은 흡기 밸브의 개폐시기를 가변시키는 단순한 것에서부터 시작되어 배기밸브, 그리고 밸브의 리프트 간격까지 가변화되었다. 이에 따라 캠 샤프트 둘레는 더욱 복잡해졌지만 성능적으로 그에 걸맞은 것을 획득할 수 있었다. 일찍부터 채용했던 혼다와 도요타의 뒤를 이어 다른 메이커도 점차 채용하기 시작했으며, 눈 깜짝할 사이에 보급이 이루어졌기 때문에 가솔린 엔진은 지금까지보다 훨씬 우수한 유연성을 갖추게 되었다.

도요타 VVTL-i의 경우를 예로 들면 캠 샤프트 앞에 장착된 컨트롤러가 캠의 위상을 연속적으로 변화시킴으로서 엔진에 걸리는 부하에 따라 밸브 타이밍을 변경한다. 또한 밸브 리프트 간격은 엔진의 회전수에 따라 고속용 캠과 저속용 캠을 구분하여 사용함으로서 변화된다. VVTL-i용 오일 컨트롤러 밸브(OCV)가 저속시에는 고속 캠을 공회전시키고 고속시에는 저속 캠을 공회전시킴으로서 리프트 량이 변화된다. 밸브 타이밍은 최대 43도, 밸브 리프트 간격은 최소 7.25mm부터 최대 11.2mm까지 변화된다.

따라서 엔진에 걸리는 부하와 회전수에 따라 각각 적절한 흡·배기량으로 조절할 수 있게 되어 저속에서 고속까지 엔진이 갖추고 있는 성능을 효율적으로 발휘할 수 있게 되었다. 이러한 가변 기구 제어는 엔진 회전수와 속도, 흡입 공기의 양과 온도, 크랭크 각도, 산소 센서 등 각 센서에서 보내오는 데이터를 엔진 컨트롤 유닛으로 수집하여 제어한다.

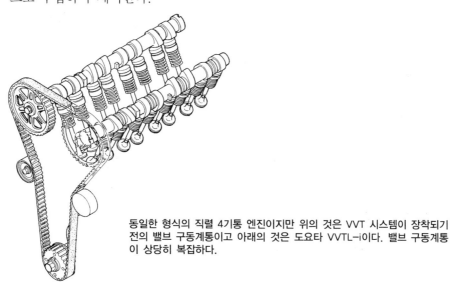

동일한 형식의 직렬 4기통 엔진이지만 위의 것은 VVT 시스템이 장착되기 전의 밸브 구동계통이고 아래의 것은 도요타 VVTL-i이다. 밸브 구동계통이 상당히 복잡하다.

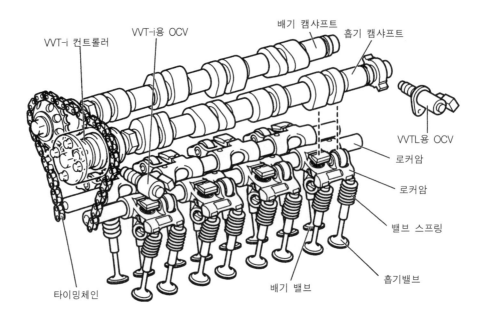

VVT-i 컨트롤러
VVT-i용 OCV
배기 캠샤프트
흡기 캠샤프트
VVTL용 OCV
로커암
로커암
밸브 스프링
흡기밸브
타이밍체인
배기 밸브

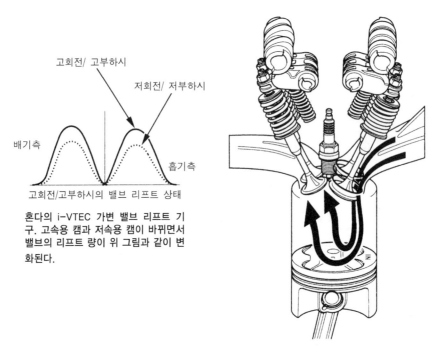

고회전/ 고부하시
저회전/ 저부하시
배기측
흡기측
고회전/고부하시의 밸브 리프트 상태

혼다의 i-VTEC 가변 밸브 리프트 기구. 고속용 캠과 저속용 캠이 바뀌면서 밸브의 리프트 량이 위 그림과 같이 변화된다.

■ 기통 휴지 장치

기본적인 방식은 위의 가변 장치와 비슷하다. 혼다의 V형 6기통 엔진에 채용된 예가 있다. 힘이 필요 없을 때는 리어 뱅크 3기통의 작동을 멈춤으로서 연료 소비를 감소시키는 것이며, VTEC 가변 밸브 타이밍 & 리프트에 이은 가변 실린더 시스템이다. i-VTEC이라 불리는 혼다 J30형 V6 3리터 엔진은 인스파이어에 탑재되어 2003년부터 시판되었다. SOHC이면서도 흡·배기용 로커 암이 장착되어 4밸브를 채용하고 있는 혼다만의 독특한 엔진이었다.

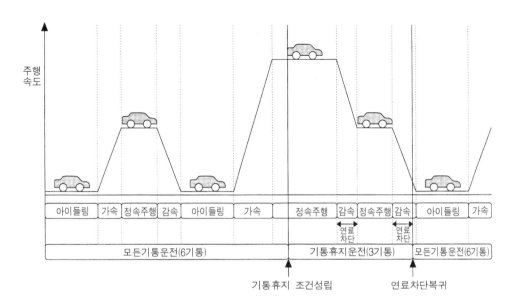

혼다 i-VTEC의 기통 휴지 시스템의 휴지조건 성립 이미지. 엔진에 걸리는 부하가 작아지면 휴지하도록 되어 있다.

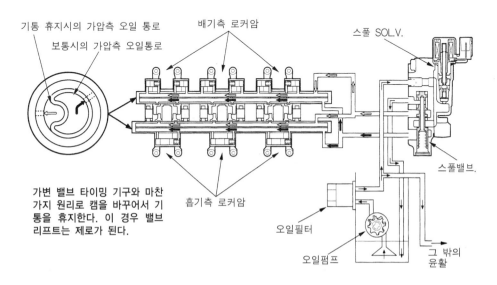

가변 밸브 타이밍 기구와 마찬가지 원리로 캠을 바꾸어서 기통을 휴지한다. 이 경우 밸브 리프트는 제로가 된다.

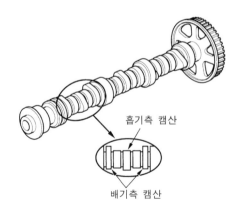

흡기측 캠산

배기측 캠산

기통 휴지시에는 3기통 운전이 되므로 진동을 억제하기 위해 액티브 컨트롤 엔진 마운트 시스템을 채용하고 있다.

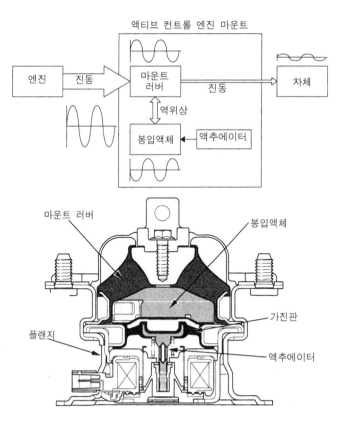

엔진 마운트부. 봉입 액체를 가압/ 감압함으로서 제어한다.

리어 뱅크용 캠 샤프트는 밸브 리프트 량이 제로인 기통 휴지용 캠이 장착되어 있어서 상시 작동하는 프런트 뱅크용 캠 샤프트와는 형상이 다르다. 3기통이 휴지하는 것은 엔진의 출력이 그다지 필요 없는 정속주행과 감속시이다. 스로틀 포지션 센서와 시프트 포지션 센서, 유압이나 수온 센서 등이 수집한 정보를 토대로 ECU가 기통 휴지 여부를 판단하여 ON/OFF 신호를 내보낸다.

솔레노이드 밸브가 ON/ OFF되면서 스풀 밸브가 바뀌고 유압 회로가 바뀜으로서 휴지용 캠으로 바뀌어 밸브가 리프트되지 않게 된다. 저속영역에서 엔진의 배기량이 반으로 감소되기 때문에 연비의 성능이 좋아지고 배기의 성능도 향상되는 효과가 있다.

3기통 운전에 의해 진동이 커지는 대책으로서는 액티브 컨트롤 엔진 마운트 방식Active Control Engine Mount type을 채용하고 있으며, 4군데의 엔진 마운트부 중에서 두 곳을 액추에이터 내장형 액체 봉입 마운트로 하고 엔진의 진동과 역 위상 진동을 마운트 자체에서 발생시켜 흡수함으로서 엔진의 진동이 차체에 전달되지 않도록 하는 것이다.

액체 봉입식 마운트를 적극적으로 제어하는 이 시스템은 기통 휴지 신호를 받은 엔진 마운트 컨트롤 유닛의 액추에이터가 보내는 전류로 엔진의 진동에 맞추어 마운트가 바뀌도록 되어 있다. 1980년대에 GM과 미츠비시도 기통 휴지 시스템을 채용했었는데 휴지↔작동 전환시의 충격 등의 이유로 단명에 끝났지만 혼다는 기술의 개발을 통해 이러한 마이너스 요인을 없애는데 성공하였다.

CVT 시스템과 일체화된 혼다 i-DSI 엔진

■ 2점 위상 점화 시스템

혼다가 핏트나 모빌리오 등의 소형차용 엔진에 채용한 i-DSI는 실용형 엔진의 성능과 연비를 양립시키기 위한 시스템으로 점화 플러그를 두 개 설치하여 엔진의 회전수와 부하에 따라 점화시기를 변화시키는 일종의 가변 기구이다. 그 때까지 트윈 플러그 구조는 많았지만 모두 동시 점화였다.

롱 스트로크 타입 실용 엔진으로 설계된 이 엔진은 펌핑 손실을 감소시키기 위해 다량의 EGR을 공급하도록 되어 있는데 이것은 연소온도를 낮추어 질소산화물(NOx)의 배출량을 저감시키는 효과가 있다. 그러나 너무 많은 EGR은 연소를 방해하는 요인이며, 이러한 취약점을 극복하기 위한 것이 2점 위상 점화이다.

착화성을 높이기 위해 엔진의 회전수가 낮을 때는 두 개의 플러그 점화시기를 벌려 놓고, 엔진의 회전수가 상승하는 것에 맞추어 그 간격을 좁혀가다 고속 주행에서는 동시에 점화시킨다. 가변 밸브 개폐 시스템이 흡·배기 계통인 점에 비해 이것은 연소에 관계된 가변 장치인 셈이다.

구조적으로도 매우 단순하고 SOHC 2밸브에 적용할 수 있으며, 현재 주류인 DOHC 4밸브 방식은 트윈 플러그를 채용하기가 어렵다. 보어가 작기 때문에 연소실을 간단하게 만들 수 있어 압축비를 10.8로 높게 설정하고 와류를 발생시켜 연소 효율을 높이고 있다. 기존의 관념에 구애받지 않는 혼다다운 발상이 살아있는 참으로 잘 만들어진 엔진이다.

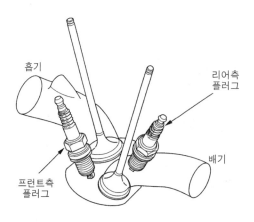

흡기

리어측
플러그

배기

프런트측
플러그

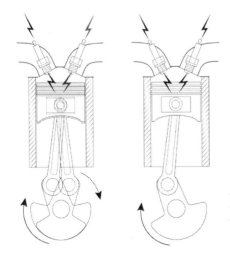

스로틀 밸브 열림이 1/2일 때 저·중속 영역에서는 위상점화, 중·고속 영역에서는 동시점화. 스로틀 밸브 열림이 최대일 때 중속 영역에서도 위상점화, 고속 영역에서 동시점화가 된다.

■ 아이들링 스톱 시스템

자동차가 정지하고 있을 때는 엔진이 작동할 필요가 없기 때문에 엔진을 정지시키면 연료를 소모하지도 않고 배기가스도 나오지 않는다. 그러나 정지할 때마다 운전자가 일일이 엔진을 껐다가 출발할 때에는 또 시동을 걸어야 한다. 정지 및 출발할 때마다 이러한 조작을 하는 것은 번거로울 뿐 아니라 얼마나 정지하고 있을 것인가 판단하기도 애매하다.

정지시에 엔진의 정지가 운전자에 의하지 않고 자동차가 알아서 실시하는 시스템이 가솔린 엔진 자동차로서는 최초로 비츠에 채용되었다. 하이브리드 자동차에서는 엔진이 자동적으로 정지 및 시동이 되도록 하는 것이 보통이지만 일반 가솔린 엔진 자동차는 이를 위한 별도의 장치가 있어야 한다.

비츠의 경우 아이들링 스톱 상태가 되는 것은 스로틀 밸브의 열림이 제로이고 속도가 제로, 엔진 회전수 1,000rpm 이하, 시프트 조작 후 1초 이상 경과하고 각 시스템이 정상적으로 기능을 하고 있을 때이다. 엔진을 시동하는 것은 수동 변속기 차량은 클러치 페달을 밟았을 때이고 자동 변속기 차량의 경우는 P나 N 레인지에서 D 또는 R 레인지로 시프트 하였을 때, D레인지에서는 브레이크 페달에서 액셀러레이터 페달로 바꿔 밟았을 때이다.

엔진 정지 상태에서도 에어컨이나 그 밖의 전기 장치는 작동해야 할 필요가 있기 때문에 일반적인 납 배터리 외에도 빗츠는 리튬 이온 배터리를 탑재해서 엔진 정지 시에 필요한 전기를 공급하고 있다. 이 배터리도 알터네이터로 발전한 전기가 컨버터를 통해 충전된다.

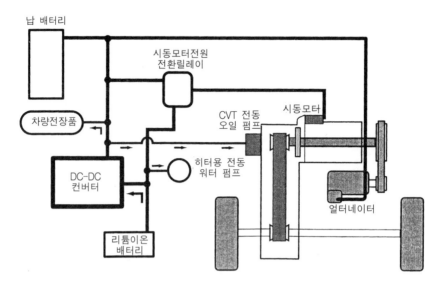

아이들링 스톱 상태. 리튬이온 배터리의 전력이 전장품에 공급된다.

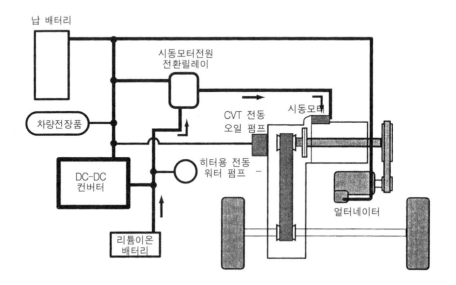

엔진 기동 상태. 운전자의 출발하려는 의사가 전달되면 리튬 이온 배터리의 전력으로 시동 모터가 작동한다.

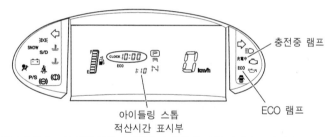

충전중 램프

ECO 램프

아이들링 스톱
적산시간 표시부

트립미터의 모드를 전환하면 아이들링 스톱시의 적산 시간이 표시된다.

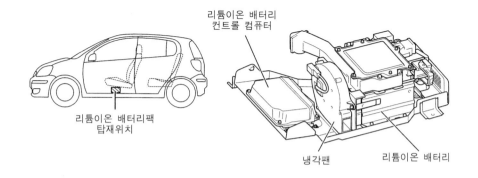

리튬이온 배터리
컨트롤 컴퓨터

리튬이온 배터리팩
탑재위치

냉각팬

리튬이온 배터리

■ 직분 엔진의 동향

린 번 엔진에서 발전해서, 연소실에 연료를 직접 분사하는 직분 엔진은 지금 커다란 터닝 포인트를 맞고 있다. 1997년부터 도요타와 미츠비시에서 등장한 D4, GDI 등으라 불리는 직분 엔진은 연비를 향상시키기 위해 옅은 혼합기를 연소시키는 것이 특징이었다. 보통 엔진은 연료량에 걸맞은 적절한 공기량으로 설정되어 있지만, 이것으로는 저회전역에서 공기량이 너무 적어 펌핑 손실이 커진다. 이 손실을 줄이기 위해 대량의 공기를 연소실로 공급하는 것이 린 번 엔진이나 직분 엔진이다. 펌핑이나 냉각에 의한 손실을 줄임으로서 연비 향상을 꾀하고 있다.

적은 양의 연료는 연소시키기가 힘들다. 그래서 직분 엔진의 경우, 점화 플러그 둘레에 진한 혼합기가 모이는 성층 연소를 도입했다. 고압 분사로 연소를 촉진하기 위해 고압 연료 펌프를 채용하고, 연료가 미립화 되도록 정교한 인젝터를 전용으로 개발하는 등 일반 엔진보다 제작비가 비싼 부품을 사용해야 했다.

성층 연소가 잘 이루어지기 위해서 진한 혼합기가 점화 플러그 둘레에 잘 모이도록 피스톤 크라운 부가 크게 패여 있는 형상이 직분 엔진의 특징이다.

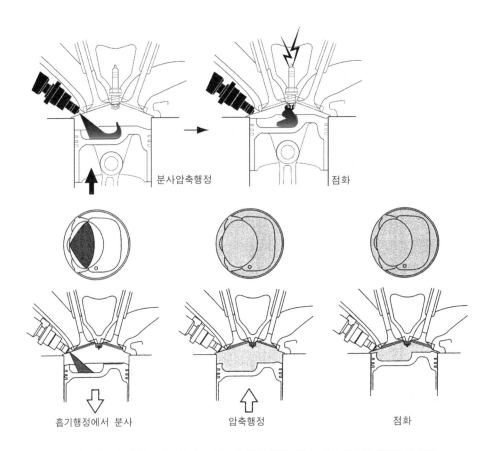

분사압축행정   점화

흡기행정에서 분사   압축행정   점화

위의 성층 연소의 경우는 점화 플러그 주변에 짙은 혼합기를 모아서 연소를 촉진하고 있다
아래의 균질 연소의 경우는 이론 공연비가 되므로 그런 배려를 하지 않아도 연소시킬 수 있다

성층 연소에서는 연소에 사용되지 않은 산소가 배출되어 질소산화물 NOx 배출량이 증가하는 경향이 있다. 그 대책으로 NOx 흡장합금을 사용한 촉매를 장착해 왔지만, 배기 규제가 한층 엄격해지자 이것으로도 대응하기가 어려워졌다.

지금은 모든 제조사가 경쟁적으로 깨끗한 배기가스를 어필할 정도이므로 이런 촉매 장치로는 경쟁력이 없다. 현재의 가솔린에는 유황 성분이 포함되어 있어서 직분 엔진용 촉매는 더 이상의 성능 향상이 어려운 실정이다.

그래서 직분 엔진 자체를 개량해야 할 필요성이 대두되었다.

그 첫 번째 직분 엔진이 2003년 4월에 등장한 위쉬에 탑재된 직렬 4기통

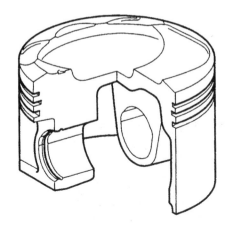

도요타의 새로운 직분 엔진의 피스톤 크라운 부는 성층 연소 방식 D-4 만큼 패여 있지는 않아도, 직분 엔진 특유의 오목한 공간을 갖고 있다.

1ZA-FSE형 1.5리터 엔진이다. 이것은 연소실에 연료를 직접 분사하기는 하지만 성층 연소 방식은 아니다. 일빈적인 엔진과 동일한 균질 연소이다.

종래의 직분 엔진은 저부하, 저회전에서는 성층 연소, 고부하, 고회전에서는 균질 연소를 하고 있었다. 도요타의 새로운 직분 엔진은 이러한 구분을 없앤 방식이다.

다만 이 방식은 공연비가 언제나 똑같기 때문에, 직분 엔진의 가장 큰 장점인 펌핑 손실을 줄이는 일은 어렵지만, 그에 못지 않게 직분 엔진이 장점이 많이 있다.

연소실에 연료를 직접 분사함으로서 피스톤의 열적으로 가장 가혹한 부분을 냉각하는 효과가 있다는 점. 또한 공기와 별도로 직접 연소실에 연료를 집어넣기 때문에 일정한 공연비를 유지할 수 있다는 점이다.

포트에 분사하는 보통 엔진은 연소실에 혼합기가 도달하는 도중에 포트 내벽에 연료가 달라붙는 등 해서 설정했던 공연비에서 벗어나는 일이 많다. 공연비를 일정하게 유지한다는 것은 연소 효율이 향상될 뿐 아니라 배기 성능도 향상되는 효과가 있다. 실린더 냉각 성능이 향상되면 노킹 한계를 올릴 수 있고, 그 결과 압축비를 더 올릴 수 있다. 이러한 장점을 잘 살린다면 균질 연소라도 직분 방식을 채용하는 가치가 있다는 뜻이다.

그러나 2003년 12월 혼다에서 이러한 발상과는 완전히 다른 직분 엔진이

혼다의 스트림 앱솔루트용 직분 2리터 엔진

등장했다. 연비 절감은 물론이고 동력 성능도 희생시키지 않는 성층 연소 직분 방식이다. 공연비는 종래 직분에서는 50대 1 이하였지만 이 엔진은 불과 65대 1까지 열게 해서 펌핑 손실을 줄이고 있다. 직렬 4기통 DOHC 4밸브 엔진을 직분화시킨 것이다.

센터 인젝션 방식의 혼다 직분 엔진. 도요타 D-4 엔진과는 점화 플러그와 인젝터 위치가 뒤바뀌었을 뿐이라고도 할 수 있다. 리스톤 크라운 부의 공간은 점화 플러그 쪽으로 치우쳐 있다

특징은 인젝션을 연소실 중앙(DOHC 엔진에서 점화 플러그가 있는 곳)에 설치하고 있다는 점. 이에 대해 피스톤 크라운 가운데가 오목하게 패인 캐비티 피스톤 Cavity Piston을 채용해서 성층 연소를 돕고 있다. 두 개의 흡기밸브 중 하나를 휴지해서 강력한 와류를 발생시켜 연소를 돕고 있다. 가변 밸브 타이밍 & 리프트 기구를 사용하는 혼다의 엔진 기술의 모든 것이 총집합된 작품이라 할 수 있다.

직분 엔진의 이점을 활용해서 대량의 EGR Exhaust Gas Recirculation을 공급함으로서 NOx 자동차배기가스 : 질소산화물 발생을 억제하는 동시에, 고성능 NOx 흡착형 촉매를 사용해서 규제를 통과하는 배기 성능을 갖추고 있다. 센터 인젝션 방식의 효과도 발휘되어 초저超抵 배출 가스 인정을 취득하고 있다.

이 2.0리터 DOHC i-VTECI라는 이름의 엔진은 최고 출력 115kW(156ps)/6300rpm, 최대 토크 188Nm(19.2kgm)/4600rpm, 연비는 10·15 모드에서 15km/ℓ의 성능을 확보하고 있다.

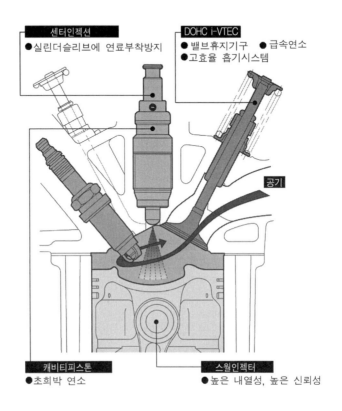

■ 배기 성능 향상

현재 일본 자동차 제조사의 가솔린 엔진은 별 세개짜리 초저超抵 배기 규제를 달성하고 있는 것이 많다. 단순히 배기가스 규제를 통과하기 위한 기술이라기 보다는, 연비와 동력 성능 등을 향상시키려는 기술이 결과적으로 배기 성능도 개선한 점이 크다. 여기서는 배기 성능을 향상시키기 위해 다양한 아이디어가 활용되어 있는 촉매에 대해서 알아보자.

촉매를 일찍 활성화시키기 위해서 배기 온도로 가열하는 방법이 있다. 냉간 시동 시에는 배기 성능이 떨어지므로 촉매가 가능한 한 빨리 일정 온도에 도달하는 편이 좋다. 촉매는 차체 아래의 배기관에 장착하는 것이 일반적이지만, 이를 위해서 엔

진에 가까운 위치로 이동시키는 예가 있다. 배기관을 이중으로 만들어서 배기 온도가 촉매를 통과할 때까지 낮아지지 않도록 하는 경우도 있다.

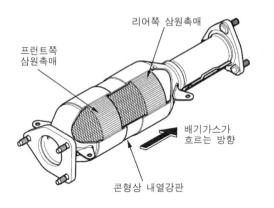

리어쪽 삼원촉매

프런트쪽
삼원촉매

배기가스가
흐르는 방향

콘형상 내열강판

세로형 타입과 함께 차체 아래에 또 하나 삼원촉매를 장착하는 예가 늘고 있는데, 이것은 배기정화를 더욱 효과적으로 하기 위해 하나의 팩 속에 두 개의 촉매를 수납하고 있는 예이다.

더 철저한 예는 엔진 바로 아래에 하나, 차체 아래에 또 하나 총 두 개의 촉매를 장착하는 경우도 있다. 하나짜리 촉매라도 유해 배기 가스 성분에 반응하는 면적을 늘린 방식도 있다. 직렬 4기통에서는 배기 매니폴드에 연결하면 배기 저항이 되지만, V형 6기통에서는 배기 간섭이 별로 없기 때문에 효과적인 경우가 많다.

다이하츠가 개발한 인텔리전트 촉매는 요즘 화젯거리인 나노테크놀로지를 사용한 신 기술이다. 촉매에 사용되는 귀금속인 파라듐 Platinum에게 자기 재생 기능을 갖도록 해서, 안정된 성능을 장기간에 걸쳐 유지하도록 하는 것이다.

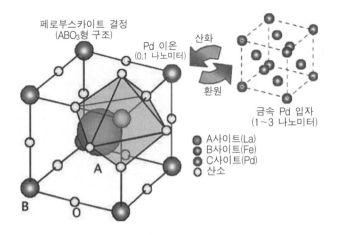

페로부스카이트 결정
(ABO₃형 구조)

Pd 이온
(0.1 나노미터)

산화

환원

금속 Pd 입자
(1~3 나노미터)

A사이트(La)
B사이트(Fe)
C사이트(Pd)
산소

촉매 중의 금속은 사용하다보면 주변의 금속과 합체해서 비대화되어 유효 반응 면적이 줄어들면서 성능이 저하된다. 촉매에 사용되는 귀금속은 백금이나 로듐 등이 있는데 특히 파라듐은 열에 약한 성질을 갖고 있다. 다이하츠는 특수한 방법으로 나노테크놀로지를 사용해서 세라믹스 결정을 조합시킴으로서 자기재생 기능을 갖추게 하는 데에 성공했다고 한다.

촉매는 일정 주행 거리를 경과한 후에도 배기가스 규제를 통과해야 하므로 성능 저하를 계산에 넣은 많은 양의 귀금속을 사용해 왔는데— 이 방법이 실용화되므로써 귀금속의 사용량을 더욱 줄인 촉매로도 제 기능을 기대할 수 있게 되었다.

다이하츠가 개발한 인테리전트 촉매

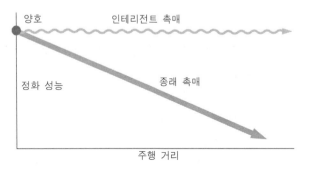

인테리전트 촉매의 자기재생 메커니즘. 열에 약한 파라듐을 재생시킴으로서 성능 저하를 방지하고 있다

정화 성능이 안정되어 있으므로 종래 촉매처럼 주행 거리가 늘수록 성능이 저하되는 일이 없다

세로형 타입과 함께 차체 아래에 또 하나 삼원촉매를 장착하는 예가 늘고 있는데, 이것은 배기정화를 더욱 효과적으로 하기 위해 하나의 팩 속에 두 개의 촉매를 수납하고 있는 예이다.

2-4 신세대 엔진의 등장과 일본 메이커

환경에 대처하는 종합적 성능을 갖춘 엔진을 만들기 위해 각 제조사는 신기술을 도입한 엔진을 연이어 개발해 내고 있다. 어떤 제조사는 기존에 사용하던 엔진을 개량해서 대처하기도 하는데, 여기에 새로운 기술을 도입해서 그 격차를 더욱 벌리려고 한다. 여기서는 각 제조사의 현황과 앞으로의 전개에 대해서, 2003년 동경 모터쇼 전시품도 참조로 살펴보기로 한다.

■ 도요타의 전개

1990년대부터 엔진에 관해 가장 민감하게 대처한 도요타는 컴팩트 카부터 고급차에 이르기까지 모든 분야에 신세대 엔진을 투입해서 그 실력을 과시하고 있다.

1980년대에 도요타는 승용차용의 모든 가솔린 엔진을 DOHC 4밸브화化 시켰는데 이것은 놀라운 기술 혁신이었다. 시대의 요청에 가장 신속하게 대처한 것이었으므로 전세계 자동차 제조사는 이를 따르지 않을 수가 없었다. 도요타에 가장 빨리 추종한 것이 일본 제조사이었고, 결과적으로 일본 제조사가 이 분야 기술에서 선두에 서게 되었다.

2003년에 등장한 신형 크라운에 탑재된 V형 6기통 엔진

도요타는 실용화가 가능한 신기술 중에서 효과가 있다고 판단한 것이라면 어떤 것이라도 설선수범해서 도입하려는 자세를 보이고 있다. 1980년대에 DOHC 4밸브 화 라인업을 완성시키자마자, 이번에는 경량 컴팩트한 신세대 엔진을 연이어 투

입함으로서 다른 제조사의 추종을 불허하는 자세를 보였다. 린 번 엔진, 직분 엔진 등의 의욕작을 만들어내고, 가변 밸브타이밍 시스템을 많은 엔진에 채용했다. 과거에는 실린더 블록 알루미늄 화 등에 있어서 다른 제조사보다 뒤쳐진 시절도 있었지만, 이것은 생산 설비를 우선시킨 도요타만의 독자적인 사상이 있었기 때문이었고. 필요하다면 재빨리 다액의 지본을 투입해서 모든 것을 쇄신하는 실력을 갖추게 되었던 것이다.

군이 신세대 엔진이 아닌 것을 꼽으라면 크라운 등에 탑재되어 있던 직렬 6기통 엔진이었다. 이것도 진화된 직분 엔진으로 개량하는 등 신기술이 투입되었다. 그러나 2003년말 크라운의 모델 체인지와 때를 같이해서 신개발 V형 6기통 엔진으로 세대 교체한다. 도요타로부터 직렬 6기통 엔진이 사라지는 순간이었다.

도요타나 닛산 등의 고급 승용차용으로 인기가 있었던 직렬 6기통 엔진은 균형이 잘 잡힌 고성능 엔진으로 군림해 왔지만, 잔장이 길 수밖에 없는 단점 때문에 V형 6기통으로 대체되고 있다. 닛산도 스카이라인 GT-R에 직렬 6기통 RB형 엔진이 마지막까지 탑재되어 있었지만, 이윽고 모습을 감추었고 마지막 보루였던 도요타도 직렬 6기통이 앞으로 새로이 등장할 일은 없어 보인다.

진동 면에서 직렬6에 뒤지는 V6이지만 엔진 마운트 방식의 기술 개발 등으로 단점이 점점 적어지고 있고, 직렬 6기통보다 엔진 길이가 짧다는 장점이 크게 작용하고 있다. 직렬 6기통 엔진은 특정 매니아를 위한 특색 있는 형식으로 소수만이 존재해갈 것으로 보인다.

모터쇼에 전시된 도요타의 직분(D-4) V6 엔진. 균질 연소 방식의 새로운 직분 엔진이다.

2003년 동경 모터쇼에서는 하이브리드 카나 연료 전지차의 화려한 무대에 가려지듯이 도요타의 신형 V6 엔진이 조용히 모습을 드러내고 있었다. FR차용 직렬 6기통을 대신해서 새롭게 개발된 이 엔진은 도요타의 기술이 집약된 것으로서 균질 연소 방식 직분 엔진이다. 알루미늄 재질의 이 엔진은 지금까지의 직렬 6 엔진보다 40kg 이상 경량화가 이루어졌고, 토크 밴드Torgue Band도 2000~6000rpm의 플랫 특성을 실현하고 있다.

직분 엔진의 균질 연소는 위쉬용 직렬 4기통 엔진에 2003년 4월 채용되었지만, 이 엔진은 이것을 더욱 발전시킨 형태이다. 신개발 인젝터 채용으로 연료 미립화가 다욱 철저해졌으며, 피스톤 크라운의 공간을 거의 없애고 포트 형상을 이용해서 탬블 와류를 발생시켜 연소 효율을 올리고 있다.

연소실에 연료를 직접 분사하는 냉각 효과로 공기 밀도를 높여 노킹 한계(압축비)를 올리고 있다. 성층 연소하지 않는 범위에서 직분 엔진의 장점을 최대한 살리고 있는 것이다.

도요타의 신형 직분 엔진. 인젝터 장착 위치 등은 기존형과 다르지 않지만, 피스톤 크라운 부의 형상 등은 많이 바뀌었다. 지금까지의 직렬 6기통 엔진을 대신해서 크라운에 탑재되는 V6 엔진이다

섭동저항을 최소화하는 데에도 신경을 쓰고 있다. 밸브 구동계에 롤러 로커암을 사용하고, 경량 피스톤을 채용해서 크랭크 저널 플레인 베어링의 부담을 줄이고 있다.

배기관을 길게 늘여서 토크 밴드도 넓다. 가변 밸브타이밍 & 리프트 기구도 채용한다. 엔진 길이를 줄이기 위해 캠 구동은 체인으로 이루어지며, 이때부터 도요타의 승용차용 엔진은 벨트 구동 방식을 폐지하게 되었다.

컴팩트 카부터 크라운, 셀시오까지의 승용차용 엔진 라인업은 이 신세대 엔진으로 완성되었다. 가솔린 엔진 기술이라는 관점으로 보면 DOHC 4밸브로 상징되는 통일 사상으로 관철되어 있다.

엔진은 그 어떤 부품보다 양산 효과를 발휘하는 것이기에, 다른 제조사보다 생산 대수가 압도적으로 많은 도요타는 이것만으로도 유리한 입장에 섰다. 그러나 그 이상으로 엔진 설계부터 생산에 이르기까지 철저한 코스트 관리를 통해 기업으로서의 체력도 향상시키고 있다.

■ 혼다 엔진의 동향

모든 엔진을 DOHC 4밸브로 통일한 도요타와는 달리, 클래스에 따라 다양한 방식을 자유롭게 채용하는 것이 혼다의 특징이다. DOHC 4밸브도 물론 있지만 SOHC 엔진도 있고, 여기에 2밸브~4밸브까지 다양하고, 실용성을 중시한 엔진부터 고회전 고출력을 추구하는 엔진까지 폭 넓게 갖추고 있다. FR인 S2000이나 미드쉽 NSX가 있긴 하지만 이들은 모두 소량생산차이고, 주력이 FF라는 점을 생각한다면 혼다가 엔진 개발에 남다른 의욕을 갖고 있음을 쉽게 알 수 있다.

도요타의 경우, 엔진을 여러 개의 클래스로 나누어서, 그 엔진을 탑재할 차량이 복수가 될 것을 처음부터 고려해서 엔진을 개발하기 때문에 엔진의 범용성이 높다. 혼다의 경우는 개발하려는 차량에 맞는 엔진이라는 점을 전제로 설계된다. SOHC 2밸브 2점 위상점화 시스템 엔진도 피트라는 자동차를 위해 만들어진 것이다.

2003년 동경 모터쇼에는 최신 기술을 채용한 대표작으로 직렬 4기통 i-DSI 엔진과 V형 6기통 i-VTEC 엔진 등 두 대가 전시되었다. SOHC 2밸브, SOHC 4밸브, DOHC 4밸브 등 기구적으로 봐도 다른 것들이었다.

V6 DOHC i-VTEC 엔진은 2003년 10월에 모델 체인지 된 오딧세이에 탑재되어 있었지만, 고성능 차량인 앱솔루트는 일반 오딧세이와는 사양이 다르다. 가변기구도 앱솔루트는 흡배기 모두 밸브 타이밍이 변경되지만, 그 밖의 것은 흡기 쪽만 된다. 전자는 200마력, 후자는 160마력이다. 우·저 배출가스 인정을 받아 세제 우대를 받을 수 있지만 앱솔루트는 적용되지 않는다.

앞 항에서 소개한 휴지 기통 i-VTEC
시스템의 SOHC V형 6기통 엔진

시빅이나 어코드에 고출력 엔진 사양인 R타입 차량을 설정해 놓고 있는 것도
혼다의 특징이다. 흡배기 계통을 튜닝해서 동력 성능을 향상시킴과 동시에, 값비
싼 재료를 사용하고 형상을 개량해서 경량화를 도모하는 등 엔진의 응답성 향상을
꾀하고 있다.

혼다 i-VTEC DOHC 4밸브 직렬 4기통 2354cc 엔진. 캠샤프트 구동은 체인이다

그 엔진도 연비 성능을 강조하는 방법을 채용하거나, 몇 년 앞을 내다본 배기 규제치 성능을 실현하는 등 혼다의 이미지를 향상시키는 노력을 계속하고 있다. 신기술을 채용하는 실적이 도요타에 필적하는 것이 혼다이다. 엔진 개발 기술은 혼다가 가장 의욕을 갖는 분야인 것이다.

■ 닛산의 동향

도요타와 혼다는 해외 제조사와 기술제휴 하고 있지 않으므로 가솔린 엔진에 관해서는 독자적인 개발을 진행하고 있다. 그에 비해 닛산을 비롯한 미츠비시나 마츠다는 제휴체의 의향을 반영시킨 엔진을 만들도록 되어 있다. 그러나 이것은 반드시 단점으로만 작용하고 있지는 않은 듯하다. 자력으로는 신세대 엔진 개발 자금이 부족하거나 개발 시기가 늦어지거나 할 가능성이 있지만, 제휴처 제조사에게도 제공할 것을 전제로 개발을 추진하는 것이므로 그걸 염려기 없는 것이다.

가까운 장래에 실용화될 예정인 새로운 방식의 직렬 4기통 엔진. 완전 신설계 제품으로서 르노 자동차에도 탑재될 계획이라고 한다.

경험 풍부한 제휴처 기술자들과 의논을 거듭하고 그들의 요망을 설계에 반영하는 것은 여러모로 균형 잡힌 엔진을 만들어낼 가능성이 커진다. 회의를 하더라도 예전에는 먼 곳까지 이동해야 했지만, 지금은 모니터를 사용한 미팅으로 서로 멀리 떨어져 있더라도 의견 교환이나 자료 전달이 순식간에 이루어진다. 일본에서는 저녁에, 유럽에서는 출근이 끝난 이른 아침에 회의가 진행되곤 한다.

2003년 동경모터쇼에 출품된 1.4~1.6리터 닛산 직렬 4기통 엔진은 르노와의 공동 개발에 의한 첫 엔진이다. 써니 클래스에 탑재되던 QG 엔진의 후계 기종으로 개발된 것이다. 실용화되기까지는 몇 년의 시간이 더 걸릴 것으로 보이지만, 닛산 중에서 이 클래스 엔진만이 신세대로 교체되지 못하고 있었으므로 이 등장을 환영하고 싶다.

QG엔진은 이름만 바뀌었을 뿐, 1980년대 후반에 개발된 GA14형 엔진이 베이스이다. 초기에는 SOHC 3밸브였으나 곧바로 DOHC 4밸브로 바뀐 이후로 다양한 개량이 가해져 왔다. 비슷한 시기에 등장한 상위 클래스용 DOHC 4밸브 직렬 4기통 SR엔진은 수년 전에 이미 QG 엔진으로 교체된 신세대 엔진 대표 중의 하나이다.

공동 개발이라고는 해도 디젤 엔진은 르노가 주도권을 취고, 가솔린 엔진은 르노의 의향을 반영해서 닛산의 기술로 만든다.

이 클래스 엔진은 경량 컴팩트가 매우 중요하다. 가령 냉각수 경로는, 예전에는 일부가 튜브로 배관되어 있었지만, 이것들을 실린더 블록 속에 워터재킷을 만들어서 튜브를 없애는 등의 일체화, 경량화가 이루어져 있다. 오일 펌프를 오일 팬 속에 수납하고, 브로우 바이패스Blow Bypass 경로도 설계 단계 때부터 일체화시켜 컴팩트화를 추구했다. 또한 제작단가 절감도 매우 중요하다. 성능 향상과 경량 소형화라는 상반되는 두 요소를 양립시켜야 했다. 가변 밸브 타이밍 기구를 채용해서 QG 엔진보다 10~20kg의 경량화를 달성했다.

상급 클래스 엔진은 V형 6기통 VQ 엔진이 담당하고 있다. VQ 패밀리는 종류가 많고 배기량도 다양하다. 1993년에 등장한 엔진이지만 V형 6기통을 일본에서 최초로 실용화시킨 제조사답게 엔진의 완성도가 높고, 여기에 개량을 가함으로서 성능 향상이 이루어져 왔다. 이후에 등장한 다른 제조사의 엔진에 비해 조금도 손색이 없다.

■ 미츠비시의 새로운 엔진 라인업

2003년 동경모터쇼에서 가솔린 엔진에 관한 기술 전시는 장래에 실용화될 예정의 신개발 엔진을 다수 전시한 미츠비시가 가장 활발한 활동을 보였다. 다임러 크라이슬러와의 제휴로 미츠비시가 담당하는 소형 가솔린 엔진이 라인업을 갖추었다. 경자동차용 엔진과 1리터 엔진은 3기통, 그 밖의 1.5ℓ부터 2.4ℓ까지의 직렬 4기통이다. 직렬 3기통인 미니 시리즈, 1.3ℓ이나 1.5ℓ의 스몰 시리즈, 1.8ℓ과 2.0ℓ 그리고 2.4ℓ의 컴팩트 시리즈가 그것이다.

각각 저마다의 클래스 엔진으로 최적의 경량, 컴팩트 설계가 이루어져 있으며 엔진 전체가 알루미늄 합금제이다. 공통점은 MIVEC Mitsubishi Innovative Valve timing Electronic Control system라 이름 붙은 가변 밸브 타이밍 시스템을 채용하고 있다는 것이다. 컴팩트 시리즈는 배기 쪽도 가변 시스템이다. 모든 엔진은 실린더 블록 등 주요 구조물을 공통으로 하고, 베이스 엔진이나 보어, 스트로크 등을 변경해서 다양한 배기량의 엔진을 만들어내는 계획이다.

미니 시리즈는 미츠비시가 독자적으로, 스몰은 다임러 크라이슬러와 합작으로, 컴팩트 시리즈는 한국의 현대가 협력해서 개발하고 있다. 특히 컴팩트 시리즈는 3개 제조사가 균등 출자한 합작 회사에서 공동 개발하고 있는데, 과거 실적을 들어 미츠비시가 주도권을 쥐고 일본, 미국, 한국에서 150만대 이상 생산할 계획을 세우고 있다.

모터쇼에 전시되었던 미츠비시의 신개발 엔진들. 앞쪽에 있는 것이 직분 GDI 엔진이다.

기술적으로는 공통 컨셉으로 개발이 진행되고 있지만 주력 기종인 컴팩트 시리즈는 헤드 커버나 흡기 매니폴드 등을 수지로 제작하는 등 전체의 경량화를 도모하고 있다. 캠 구동은 체인이다. 개발 시기는 아직 밝혀지지 않았지만 모두 수년 안에 완료될 것으로 보인다.

직분 GDI 엔진의 실용화는 다소 늦어질 전망이다. 펌핑 손실을 대폭적으로 줄일 수 있는 희박 연소를 채용하려면 유황분이 함유되지 않은 가솔린이 시판되어야하기 때문이다. 빨라도 2007년이라 여겨진다.

미츠비시는 일본에서 가장 먼저 직분 엔진을 실용화해서 탑재 차종을 늘여갔지만 성공했다고는 볼 수 없다. 무거운 자동차에서는 성층 연소 영역을 넓히기 어려웠기 때문에 직분 방식을 채용한 효과를 충분히 발휘하지 못했으며, 그 장점을 소비자가 이해하기란 어려웠다.

직렬 3기통 미니 시리즈 엔진

컴팩트 시리즈 엔진은 1.8~2.4리터로 구성된다. 2.4리터에는 직분 엔진(GDI) 방식이 추가된다.

1.3~1.5리터 클래스 직렬 4기통 스몰 시리즈 엔진

그런 경험이 있는 미츠비시의 새로운 GDI 엔진은 성층 연소 영역을 넓혔다. 그 때까지는 연소를 촉진하는 형상의 포트를 채용하고 있었지만, 새로운 엔진에서는 포트를 비스듬히 배치해서 와류에 의존하지 않고도 인젝터 성능을 향상시키는 것으로 대처하고 있다. 디젤 엔진의 동향이 불투명하다는 시대적 사정도 있고 해서, 컴팩트 시리즈 중 배기량이 가장 큰 2.4 엔진으로 철저한 연비 성능을 추구함으로서 직분 엔진의 장점을 활용하려는 방침이다.

장래에는 V형 6기통도 신세대 엔진으로 바꾸려는 계획도 있는 듯한데, 이처럼 많은 종류의 엔진을 단숨에 새롭게 만들 수 있는 것도 글로벌한 제휴가 있었기 때문에 가능한 이야기일 것이다.

■ 마츠다의 새로운 엔진 MZR

2002년부터 2003년에 걸쳐 마츠다는 아텐자, 데미오, RX-8, 아벤시스 등의 주력 기종을 연달아 등장시켰다. 이 중에서 로타리 엔진인 RX-8를 제외한 3모델은 신세대 직렬 4기통 가솔린 엔진을 탑재하고 있다. 모두 포드 자동차에도 탑재되는 엔진을 마츠다가 개발한 것이다.

MZR 시리즈라고 불리는 이들은 1.5리터, 2.0리터의 두 타입이 있다. 기본적인 개발 컨셉은 동일하며 각각의 특성에 맞춰 전용 설계한 것이다. 패밀리아의 후속 기종인 액셀러에는 1.5, 2.0, 2.3리터가 준비되어 있는데 모두 실린더 헤드와 실린더 블록을 알루미늄 합금으로 만들어 경량 컴팩트를 추구하고 있다. 1980년대 후반에 설계된 기존 엔진을 대체하는 것으로서 다른 제조사에 비해 손색이 없는 성능을 갖추고 있다. 딥스커트 타입 고강성 엔진으로 진동과 소음을 줄이고 있다.

시퀀셜 밸브타이밍 S-VT이는 이름의 가변기구는 흡기측을 가변으로 해서 내압 EGR을 공급한다. 2.3리터 엔진에는 밸런스 샤프트가 장착되어 있다.

2003년 동경모터쇼에는 2리터 MZR2.0PZEV 엔진도 전시되었는데 이것은 미국의 PZEV 규제에 적합한 엔진이다. PZEV 규제란 2005년까지 제로 에미션 비클 ZEV을 판매대수 10%로 해야한다는 캘리포니아 주의 의무규제 실시계획이 전기 자동차 실용화 계획의 좌절로 개정되면서 옵션 조치로서 만들어진 규정이다. 이것은 제로 에미션 대신에 그에 가까운 클린 차량 5대를 ZEV 1대분으로 환산하는

것이다. P는 partial의 뜻으로서, 불완전하지만 제로 가깝다는 것을 의미한다.

데미오에 탑재되는 마츠다의 신세대 직렬 4
기통 1.5리터 MZR 엔진

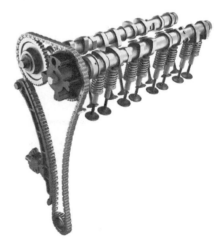

마츠다의 신세대 엔진에는 가변 밸브타이밍
기구인 S-VT 시스템이 채용되어 있다

캘리포니아 주에서 2005년부터 실시되는 ZEV 규제를 앞두고 새롭게 마련된 PZEV 규제를 통
과하는 엔진으로 개발된 마츠다 MZR 2.0 PZEV 엔진

이 PZEV 인정을 받기 위해서는 배기규제를 통과해야함은 물론, 배기 의외의
부분으로 배출되는 탄화수소 HC의 방출까지 엄격하게 규제받게 된다. 연료가 증
발할 때에 발생하는 가스의 양도 규제대상이다. 이것을 150마일, 15년 보장해야
한다.

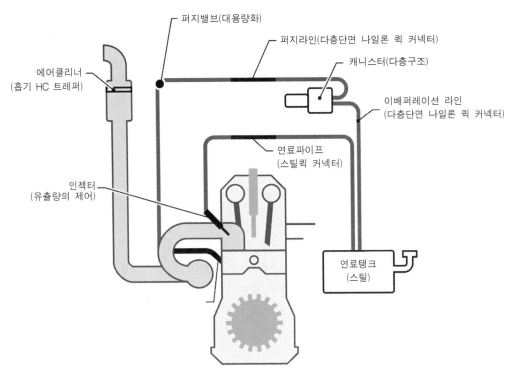

퍼지밸브(대용량화)

퍼지라인(다층단면 나일론 퀵 커넥터)

캐니스터(다층구조)

에어클리너
(흡기 HC 트레퍼)

이배퍼레이션 라인
(다층단면 나일론 퀵 커넥터)

연료파이프
(스틸퀵 커넥터)

인젝터
(유출량의 제어)

연료탱크
(스틸)

엄격한 PZEV 규제를 통과하기 위해서는 배기가스 대책 외에도 연료가 증발할 때에 발생하는
이배퍼레이션 대책이 필요하다. 여기서 발생하는 탄화수소 HC는 배기관에서 나오는 HC량과
맞먹는 양이다.

마츠다는 이 규제를 통과하기 위해 2.0리터 엔진을 개량했다. 종래 엔진을 가로
로 탑재할 경우 흡기는 운전자에 가까운 뒤쪽에 배치되었지만, 이 엔진에서는 배기
를 후방에 배치해서 배기 포트와 촉매의 거리를 짧게 만들었다. 그와 함께 스테인
리스제 2중 배기 매니폴드를 채용해서 높은 배기 온도를 유지해서 촉매를 활성화
시키고 있다. 촉매 자체도 고밀도 담체를 채용해서 성능을 높였다.

공연비를 최적으로 유지하기 위해 고성능 산소 센서를 장착해서 피드백 제어의
신뢰성을 높였다. 연소를 촉진하기 위해 연료를 미립화하는 12분공 인젝터를 채용
하는 등 보통 엔진보다 높은 배기성능을 갖추고 있다.

제로 이배퍼레이션 미션에 대처하기 위해, 엔진을 정지했을 때에 연소실에서 매
니폴드를 따라 산화수소 HC가 대기중에 방출되지 않도록 흡기 HC 트래퍼를 장착

하고, 연료 탱크와 파이프를 철제로 만들고, 이배퍼레이션 라인을 나일론제 다층단면으로 처리해서 증산 가스가 투과하지 못하도록 하고 있다. 배기성능을 향상시키기 위해서는 이런 기술들이 필요하다.

수출을 많이 하는 마츠다에게는 이러한 엔진이 필요하며, 제휴처인 포드를 위해서도 마츠다의 기술을 활용해야 한다.

■ 스바루의 수평대향엔진

2003년 동경 모터쇼의 스바루 부스에는 신개발 직렬 6기통을 비롯해 수평대향 엔진이 다수 전시되었다. 1967년 최초의 FF차인 스바루1000부터 명맥을 이어온 수평대향 엔진은 스바루의 큰 특징이다. 연비 성능에서 단점이 있지만 그것을 보완하고도 남는 독자성을 활용해서 자동차를 만들어 온 것이 스바루의 주체성이다.

현재 2리터 터보 엔진이 레가시에 탑재되어 인기를 끌고 있다. 그밖에도 DOHC 2.0리터, 실용성을 중시한 저 옥탄 연료 사양 SOHC 1.5, 2.0, 2.5리터 시리즈에 수평대향 6기통 3.0 엔진이 추가되어 선택의 폭이 넓어졌다.

스바루를 대표하는 또 하나의 엔진인 6기통은 실린더 간격을 줄이고 캠 체인 구동 방식을 채용하는 등 컴팩트한 크기이다. 종래의 6기통보다 15kg 정도 가벼워졌다. 배기량을 키움으로서 자연흡기 엔진만의 리니어한 토크 특성을 확보하고 있다.

이 엔진에 채용된 가변 밸브리프트 기구는 스위처블 태핏을 사용하고 있다. 토요타나 혼다와는 구조가 다르다. 고속용, 저속용 두 가지 캠을 갖추고 있는 점은 같지만, 로커암을 사용하지 않고 2중 구조 태핏을 사용하는 점이 특징이다. 저회전에서는 저속 캠이 태핏 중앙부를 누르는 하나의 밸브만이 작동하고, 고회전에서는 고속 캠이 주변부를 누르게 되면서 두 개의 밸브가 작동하는 것이다. 직동식 가변 리프트 기구로서 포르쉐가 채용한 방식과 동일하다.

터보 사양 2.0리터는 280마력, 6기통 3.0리터는 250마력이다. 6기통 엔진은 레가시 외에도 암프레사 등에도 탑 가능하다고 하니 스바루의 앞으로의 방향을 시사한다고 볼 수 있다.

2003년 10월에 레가시에 탑재되어 새로이 등장한 스바루 수평대향 6기통 3.0리터 엔진. 실린더 간격을 철저하게 좁힘으로서 전체적으로 컴팩트하게 다듬어져 있다

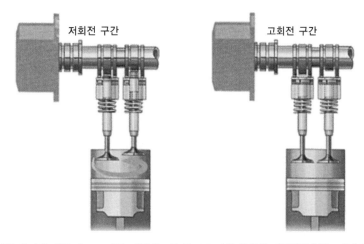

스바루 엔진의 가변 리프트 기구. 태핏이 2중 구조로 되어 있어서 저회전역에서는 태핏이 따로 움직여 좌우 밸브 리프트 량에 차이가 발생하게 되어 있다. 이에 따라 연소실 안에서 와류가 발생한다.

■ 다이하츠의 동향

스즈키와 함께 경자동차 부문 톱클래스 제조사인 다이하츠는 도요타와의 제휴를 통해 엔진 기술에 의욕적인 도전을 시도하고 있다. 660cc라는 정해진 범위 안에서 성능을 향상시키기 위해 터보 차저를 비롯한 다양한 방법을 채용하고 있다. 경자동차용 엔진의 주류는 4기통에서 3기통으로 옮아가는 추세이다.

다이하츠는 TPAZⅡ라는 이름의 직렬 3기통 엔진을 2003년 동경모터쇼에 전시했다. 균일연소 직접분사로 최고출력 60마력을 달성하고 있다. 압축비는 11로서 비교적 높게 설정되어 있고 인젝터도 고성능의 것을 갖추었다.

이 엔진은 이온 제어 시스템을 채용하고 있는데, 이것은 연소실의 화염 상태를 이온 전류에 의한 파형으로 받아들여, 이것을 토대로 연소상태를 분석해서 연료분사 시기와 점화 시기 등을 제어하는 시스템이다. 각 기통마다 연소 상황을 파악할 수 있으므로 배기관에 장착되는 센소 센서보다 훨씬 정확한 피드백이 가능해진다.

여기에 MT 차량에는 클러치 온/오프에 의한 아이들링 스톱 기구와 인테리전트 촉매를 채용한다. 연비성능은 10·15모드에서 30.5km/ℓ를 달성해서 초-저 배출가스 인정을 받았다. 이 엔진은 하이브리드카용 베이스 엔진으로도 사용된다.

다이하츠 TPAZⅡ 직렬 3기통 660cc 엔진

■ 스즈키의 다양한 도전

독자적인 모델 개발로 화젯거리를 제공하는 경자동차 제조사 스즈키는 경자동차 분야에서는 선진적인 기술을 도입한 엔진을 시판하고 있다. 판매대수는 많지 않지만 스즈키의 기술력을 강조라도 하듯이 하이브리드 카까지 시판하고 있다.

거대 자동차 제조사들 틈에 끼여 발군의 행동력을 가지고 있는 스즈키는 소형 자동차를 전문으로 만드는 제조사답게 GM과 제휴를 한 후에도 흡수당하지 않고 스즈키 독자적인 활동을 유지하고 있다.

경자동차용 660cc 규격 안에서 직분 방식과 터보차저를 채용한 스즈키 3기통 엔진

2003년 동경모터쇼에는 직분 엔진에 터보를 장착한 직렬 3기통 가솔린 엔진을 전시했다. 이런 기술 조합은 경차동차용 엔진으로서는 최초의 시도이다. 경자동차 제조사들이 자체적으로 시행하고 있는 제한 마력인 64마력을 달성하고 있다.

가솔린을 연소실에 직접 분사하는 냉각 효과를 활용해서 터보 차저Turbo Charger를 장착하고도 압축비를 그다지 내리지 않고도 저속 토크를 확보하고 있다. 연소 효율 향상으로 터보에 의한 연비 악화를 줄이고 배기성능도 올리고 있다. GM과 제휴로 이루어지는 기술 개발은 스즈키로 하여금 지금보다 더욱 최첨단 기술 실용화를 촉진시킬 것으로 보여 앞으로의 행보가 주목된다.

제3장
로터리 엔진의 최신 기술

3-1 로터리 엔진의 특징과 문제점

마츠다 외에는 채용하고 있지 않은 엔진 형식이지만 가솔린을 연료로 사용하는 어엿한 가솔린 엔진이다. 다만 피스톤이나 밸브 구동계를 갖추고 있는 왕복 운동 엔진과는 구조적으로 완전히 다르다. 실린더를 왕복하는 피스톤 대신에 로터 하우징Rotor Housing 속에서 회전하는 로터로 출력을 얻는다. 공통점이라면 흡기, 압축, 연소, 배기의 4행정이 있다는 것이다.

왕복 엔진보다 작고 가볍게 만들 수 있고 고출력이라는 장점이 있다. 그러나 일반적으로 보급되지 못한 이유는 연비가 나쁘다는 단점 때문이다. 그동안 개량을 거듭해서 많이 나아졌지만, 거의 완성단계에 다다른 왕복 엔진에는 아직 미치지 못하고 있다. 일부 고성능 스포츠 카에 탑재되는 엔진이라는 이미지가 정착되어 있다.

과거에 일본제 스포츠카의 대표라고도 할 수 있는 마츠다 RX-7에 탑재되어 있던 것이 배기규제가 엄격해짐에 따라 생산 중지에 몰리게 되었고, 이로서 로터리 엔진의 존재는 사라지는 듯 했으나 2003년 4월에 새로운 기술이 도입된 엔진이 개발되어 RX-8로 부활하기에 이르렀다.

마츠다 RX-8에 탑재되는 RENESIS-RE

터보를 장착하지 않는 NA사양으로 고출력을 달성하고 있고, 배기가 사이드 포트로 이루어지는 RENESIS-RE 방식을 채용하는 등 지금까지의 배기 문제가 대폭적으로 해결됨에 따라 로터리 엔진의 희망찬 장래를 예견하게 한다.

■ 로터리 엔진과 왕복 엔진 비교

로터리 엔진을 왕복엔진과 비교함에 있어서 제 1장에서도 언급했던 동력에 관한 6개 중요항목에 대해 설명해 본다.

① 동력 성능은 왕복엔진보다 우수하다고 할 수 있다. 특히 고속영역에서 두드러진다. 다만 저속 토크는 한발 뒤떨어지는 경향이 있다. 반면, 저속부터 고속까지의 유연성은 왕복 엔진이 한 수 위이다. 로터리 엔진은 회전 운동을 하는 기관이므로 고속 회전이 어울린다. 고속 시에 공기가 너무 많이 공급되는 것을 억제하기 위해 실용화 단계 때에는 처음부터 페리페랄 타입 포트Peripheral-Type Port가 아닌, 사이드 포트 방식Side Port을 채용하는 것을 보더라도, 원래부터 고성능 지향성이 강한 엔진이다. 저속 토크가 완전히 없는가하면 그건 아니고 나름대로의 실용성도 갖추고 있다.

② 제조 단가 면에서도 특히 문제될 바 없다. 마츠다는 이미 로터리 엔진 양산설비를 완비해 놓고 있으며, 부품수가 적다는 장점 덕분에 왕복 엔진에 충분히 대항할 수 있다. 지금처럼 한정된 차종에만 탑재되더라도 그다지 비싸게 먹히는 것이 아니므로, 더 많이 만들어낼 수 있다면 제조단가는 더욱 내려갈 것이다.

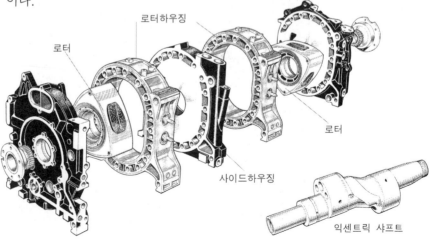

로터하우징

로터

로터

사이드하우징

익센트릭 샤프트

로터리 엔진의 주요 부품들. 과거에는 3로터 엔진도 있었지만 현재는 2로터가 주류이다.

③ 유지비가 싸고 연료 공급이 용이하다는 점에도 문제없다. 가솔린을 연료로 사용하므로 인프라에 관해서는 아무 문제가 없다. 연비가 약간 나쁘다는 점이 있지만 로터리 엔진의 특성을 생각한다면 그다지 큰 단점은 아니다. 이미 그런 수준까지 기술 진화가 이루어져있다.

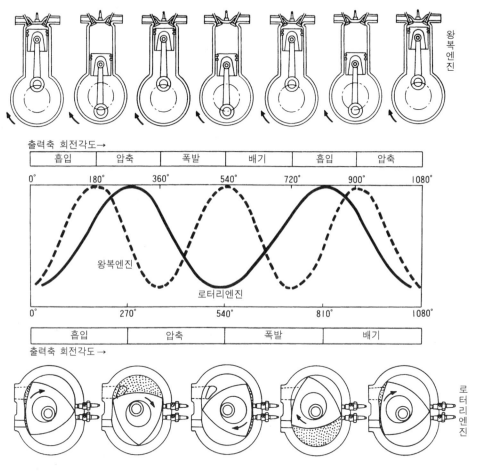

왕복 엔진(위)과 로터리 엔진의 작동을 비교한 것. 그래프에서 각 행정의 시간이 로터리 엔진 (실전)과 왕복 엔진(점선)이 어떻게 다른지 주목.

④ 환경에 대해 부하가 적어야 한다는 점에 있어서는, 시판 엔진으로서는 우선 일정 수준에 도달하고는 있지만 앞으로 그 요구가 더욱 엄격해질 것임을 고려하지 않으면 안 될 것이다. 연비 문제도 그렇지만 연소실이 편평하기 때문에 완전 연소가 힘들다는 단점이 크게 문제시될 가능성이 있다. 과거에 동력 성능을 위해서라면 연비가 좀 나쁘더라도 크게 문제 삼지 않았던 시대에 로터리

엔진이 각광을 받았지만, 오일쇼크 이래로 단숨에 인기가 시들해졌던 경위가 있다. 따라서 로터리 엔진이 갖고 잇는 단점을 어떻게 극복해나가느냐가 관건이다. 그 해결법 중의 하나의 다음 항에서 언급할 수소 로터리 엔진일 것이다.

⑤ 경량 소형이란 점에 관해서는 왕복엔진도 로터리엔진의 우위를 인정해야 할 것이다. 이점을 살려 RX-8는 엔진 중심 위치를 프런트 차축보다 뒤에 오게 탑재함으로서 차량의 운동 성능을 향상시키는 데에 성공하고 있다. 엔진 자체가 작고 가벼운 데다가 이런 배치가 능한 것은 로터리 엔진만의 특권이다. 경량 컴팩트를 적극적으로 이용함해서 엔진이 갖고 있는 스포츠 성능을 향상시키는 데에 성공하고 있다.

⑥ 신뢰성, 내구성에 관해서는 이미 40년 이상의 실적이 있기 때문에 왕복엔진에 비해 전혀 손색이 없다. 로터리 엔진 개발 초기에는 윤활 문제 등이 걱정되었지만 기술 진보와 재료 개발 등에 힘입어 실용화에 성공하고 있는 실정이다. 초기 단계 때에는 로터 정점 부분의 실링에 문제가 있어서 가스를 밀폐하는 엔진의 기본 조건이 문제가 되었다. 확실하게 밀폐하는 동시에 로터 하우징 내벽을 공격하지 않는 실링 재료 개발에 애를 먹었다. 이 때문에 한때에는 로터리 엔진 실용화 불가론까지 대두되었지만 이것은 이미 과거의 이야기이다.

이상과 같은 이유로, 왕복 엔진만큼의 일반화는 어렵다 하더라도 로터리 엔진만의 특징을 잘 살리면 충분히 실용성 있는 매력적인 엔진이라고 할 수 있다.

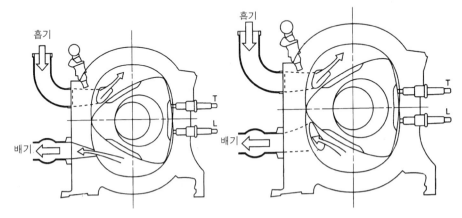

왼쪽이 지금까지 일반적이었던 사이드포트 흡기 & 페리페랄 포트 배기 방식. 이에 반해 오른쪽은 2003부터 판매된 RX-8가 채용하고 있는 사이드포트 흡배기 방식 로터리 엔진

■ 로터리 엔진이 극복해야 할 점

고성능 동력 장치의 소질을 갖추고 있는 로터리 엔진은 그 본래의 성능을 희생하지 않는 범위 안에서 얼마나 저속 토크를 겸비하고 스무드하게 돌고 연비를 향상시킬 수 있는가가 과제이다. 로터리 엔진의 개발역사는 얼마나 깔끔하게 연소시킬 수 있는가에 대한 도전의 연속이었다고 해도 과언이 아니다.

연소실이 편평한 형상이 될 수밖에 없는 것이 로터리 엔진의 최대 약점이다. 왕복엔진의 경우는 연소효율이 가장 높은 형상의 연소실을 만드는 연구 개발이 오랜 기간에 걸쳐 있었다. 연소실 형상에 자유도가 높기 때문에 다양한 시도를 할 수 있었다. 그래서 최종적으로 도달한 결론이 DOHC 4밸브 펜트루프Pent-roof 연소실이다. 출력을 올리기 위해서는 신속하게 완전하게 혼합기를 태우는 것이 중요하다. 현재의 대부분의 가솔린 엔진 연소실이 DOHC 4밸브 펜트루프 방식이 된 것은 이것이 가능하기 때문이다.

그런 관점에서 보면 로터리 엔진의 연소실 형상은 어떻게 만지고 볶고 할 여지가 거의 없다. 로터와 하우징 내벽 사이의 얇은 공간이 될 수밖에 없는 것이다. 기껏해야 로터에 마련한 오목한 공간Rotor Recess의 모양을 변형시키는 것 정도이다.

이 결점을 보완하기 위해 스파크 플러그가 두 개 달려 있는 것이 일반적이다. 두 군데에서 불을 붙임으로서 신속하게 태우자는 것이다. 또 가솔린을 분사하는 인젝터의 성능을 올려서 연소를 촉진한다. 노즐 형상에 다양한 아이디어를 활용해서 가솔린 입자를 잘게 만들어 공기와 잘 섞이게 함으로서 연소하기 쉽게 만드는 것이다.

배기포트를 페리페랄 방식에서 사이드포트 방식으로 변경한 것은 흡배기 효율 향상에 크게 공헌하고 있다. RX-8의 로터리 엔진은 흡배기 포트가 모두 사이드 쪽

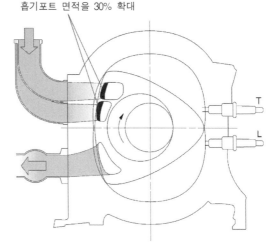

흡기포트 면적을 30% 확대

배기를 사이드포트 방식으로 함으로서 흡기포트 면적을 확대할 수 있었다

으로 돌아가는 형상을 하고 있으며, 상대 포트의 크기에 관계없이 최적의 크기를 취하는 것이 가능해졌고, 포트의 위치 선정도 자유로워졌다. 이에 따라 흡배기 효율이 크게 향상되었고, 흡기 포트 면적은 30%, 배기 포트는 200%라고 한다.

이상과 같이 마즈다 RX-8 RENESIS 로터리 엔진은 로터 경량화와 우수한 분무특성의 인젝터, 섬세한 전자제어 기술 등의 채용으로 종래보다 대폭적으로 개량이 이루어짐으로서 종합 성능이 현저하게 향상되었다.

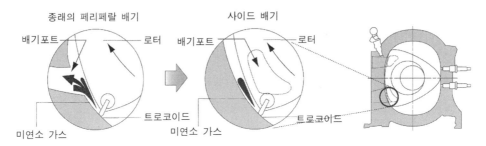

배기를 사이드포트로 함으로서 미연소 가스를 재차 흡기실로 모을 수 있어서 배기 성능이 향상되었다

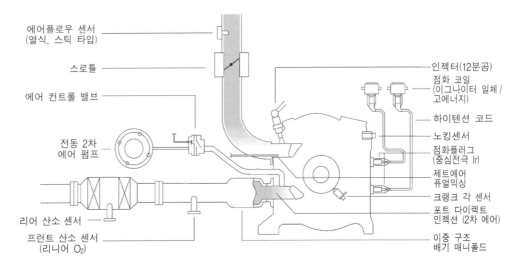

제트 에어와 정교한 인젝터에 의해 연료와 공기의 혼합을 확실하게 처리해서 연소를 향상시킴과 동시에, 시동 시에는 배기 포트에 2차 에어를 공급해서 재연소시켜 배기성능을 향상시킨다.

3-2 로터리 엔진의 새로운 가능성

로터리 엔진이 갖고 있는 결점 중의 하나인 연소 문제는 아직도 해결되었다고는 볼 수 없다. 상당한 수준까지 결점을 보완하고는 있어도 그 대책은 대증요법 Symptomatic Treatment 적이 될 수 밖에 없는 것이 지금의 현실이다. 이것을 대폭적으로 극복할 수 있는 수단이 2003년 동경모터쇼에 출품된 마츠다 RENESIS 수소 로터리 엔진이다. 이것은 로터리 엔진의 결점을 크게 해결할 수 있는 가능성이 보이는 기술 이다.

■ 수소 로터리 엔진의 발상

마츠다는 10년 이상 전부터 수소 로터리 엔진 개발을 진행해 왔다. 수소는 가솔린보다 가연성이 높은 것 이 특징이라 수소를 연료로 사용하면 로터리 엔진의 불완전 연소 문제를 상당한 부분 커버할 수 있게 된다. 로터리 엔진과 궁합이 잘 맞는 수소에 착안해서 기술 축적을 이루어온 마츠다는 로터리 엔진을 대폭 적으로 개량한 RENESIS 엔진으로 새로운 가능성을 제안하기에 이르렀다. 과거에 마츠다가 동경모터쇼에서 발표했던 수소 로터리 엔진과는 달리 장래에 희망이 보이는 현실적이고도 기술적 진화가 이루어진 이

가솔린과 수소 두 가지 연료를 사용할 수 있는 새로운 방식의 로터리 엔진

기구는 로터리 엔진Rotaty Engine을 사용한 하이브리드 시스템이다.

최대 특징은 가솔린과 수소 두 가지를 연료로 사용할 수 있는 듀얼 퓨얼 시스템 Dual Fuel System을 채용하고 있다는 점이다. 두 연료 중 하나를 바꿔 선택하면 가솔린 엔진과 수소 엔진을 사용해서 주행할 수 있다. 물론 기존의 가솔린 로터리 엔진으로도 사용할 수 있으며 가솔린 탱크 외에 고압 수소 봄베도 탑재하고 있다.

1993년 동경모터쇼에 출품되었던 수소 로터리 엔진 차

　수소를 내연 기관 연료로 사용하려면 가솔린의 경우와 거의 똑같은 상태로 가능하다. 수소 공급 인프라가 아직 충분하지 않은 과도기 상태인 현재라도 이 시스템의 로터리 엔진은 문제없이 주행할 수 있다. 그런 면에서 더욱 주목받아야 할 시스템이다.

■ 수소 로터리 엔진의 기구와 특징

　특징은 터보와 전동모터가 엔진의 구동력을 어시스트하는 수소 엔진이라는 점이다. 수소엔진은 가솔린 엔진의 2배의 공연비로 연소시키는 희박연소이다. 단순하게 본다면 배기량이 절반이 된 셈이다. 그 출력 부족을 보완하기 위해 하이브리드 방식의 모터 어시스트Motor Assistor와, 터보차저Turbocharger에 의한 어시스트를 하는 것이다. 저속역에서의 토크 부족은 이들 보조 동력에 의해 충분히 커버되므로 로터리 엔진의 단점 하나는 해소된다.

수소 로터리 엔진을 탑재한 RX-8로 실용화 테스트가 이루어지고 있다.

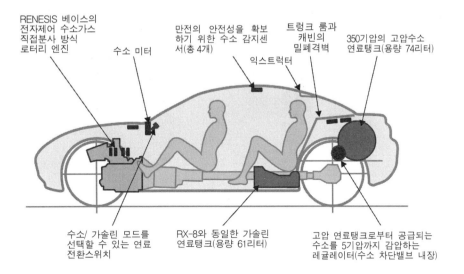

RENESIS 베이스의 전자제어 수소가스 직접분사 방식 로터리 엔진

수소 미터

만전의 안전성을 확보하기 위한 수소 감지센서(총 4개)

익스트럭터

트렁크 룸과 캐빈의 밀폐격벽

350기압의 고압수소 연료탱크(용량 74리터)

수소/ 가솔린 모드를 선택할 수 있는 연료 전환스위치

RX-8와 동일한 가솔린 연료탱크(용량 61리터)

고압 연료탱크로부터 공급되는 수소를 5기압까지 감압하는 레귤레이터(수소 차단밸브 내장)

수소 엔진 기구에 대해 알아보자. 왕복 엔진의 실린더에 해당하는 로터 하우징 안쪽에 수소를 직접 분사하는 방식을 채용하고 있다. 왕복 엔진의 경우, 연료를 분사하는 실린더 윗부분이 그대로 연소실을 형성하게 되지만, 로터리 엔진에서는 연료를 분사하는 흡기실과 실제로 연소가 이루어지는 연소실은 영역이 다르다. 즉 흡기실은 왕복엔진의 연소실과는 달리 언제나 낮은 온도가 유지된다. 따라서 분사된 수소가 제멋대로 착화할 걱정은 없다.

로터 하우징 안에 수소를 분사하는 인젝터는 트윈Twin 방식이다. 에너지 밀도가 높지 않은 수소 가스는 가솔린보다 많은 양을 분사해 주어야 할 필요가 있기 때문이다. 직분 방식 가솔린 엔진에서는 인젝터를 두 개나 장착할 공간적 여유가 없다. 그러나 로터리 엔진은 점화 플러그에서 먼 곳에 있는 흡기실에 배치하면 되므로 공간적 여유가 충분해서 두 개를 다는 데에 문제가 없다. 로터리 엔진의 우위성이 최대한 발휘되는 부분이다. 물론 인젝터는 분사량과 타이밍이 전자제어된다.

직분 엔진에서는 분사해서 연소할 때까지의 시간이 짧기 때문에 공기와의 믹싱이 문제가 된다. 이것을 해소하기 위해서는 여러 가지 아이디어가 필요하지만, 로터리 엔진은 출력축 회전각이 270도이므로 왕복엔진의 180도보다 시간적 여유가 있다. 더구나 회전하면서 압축해 나아가므로 혼합기의 유동이 활발해져서 공기와 연료가 잘 섞이게 된다. 따라서 수소 연소에서 지금까지 문제가 되어 왔던 균일한 혼합기를 만들기가 가능해진다. 이것도 로터리 엔진의 이점을 살리는 것이다.

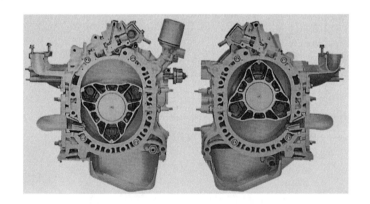

가솔린 탱크 외에 고압수
소 탱크를 탑재하는 수소
로터리 엔진의 시스템을
나타낸 그림. 전동 모터
어시스트 방식 터보차저
를 장착한 하이브리드 시
스템이 특징이다.

전자제어 수소가스 직접분사

가솔린 분사

고압 수소탱크

하이브리드 모터

가솔린 탱크

NOx 촉매 3원촉매

전동 어시스트 방식
터보 시스템

144V 배터리

인버터

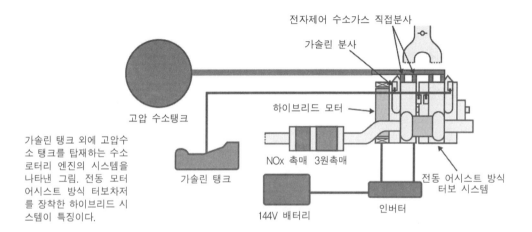

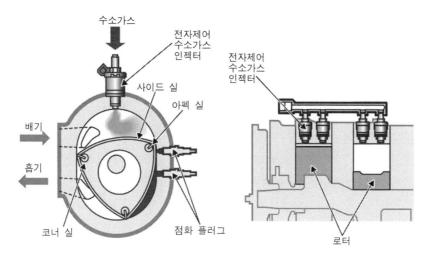

각 로터에 수소를 공급하는 인젝터가 두 개 장착되어 있다. 로터리 엔진에서는 연소실이 아니라 흡기실에 연료를 분사하므로 두 개의 인젝터로도 직접 분사가 가능하다.

트렁크 공간에 탑재되어 있는 고압 수소 탱크

■ 터보와 모터 어시스트

수소 엔진으로 사용할 경우의 출력을 보완하는 터보는 전동 모터 어시스트 방식을 채용하고 있다. 배기를 이용하는 터보는 엔진 회전이 어느 정도 이상이 되지 않으면 효과를 발휘하지 못하는데, 저회전역에서는 모터로 터보를 구동함으로서 터보랙을 없애는 것이다. 회전수가 오르면 일반적인 터보로서의 기능을 발휘한다.

라이브리드용 모터는 혼다의 하이브리드 시스템과 마찬가지로 로터리 엔진과 동축에 장착해서 구동을 보조한다. 주로 저속역에서는 전동 모터가 엔진 토크 부족분을 보완하고, 고속역에서는 터보가 보조하는 식의 사용법이다.

하이브리드 시스템 채용으로 연비 성능과 배기 성능이 향상되었다. 엔진을 어시스트하는 전동 모터는 10kW이고 144볼트 니켈수소 배터리로 구동된다. 배터리 용량은 현행 푸리우스의 절반짜리이다.

연비 성능 향상을 위해 아이들링 스톱 기능도 도입했다. 수동 미션을 채용하고 있으므로 클러치 조작과 속도 센서를 통해, 자동차가 정지하면 자동으로 엔진이 정지하고, 클러치를 연결하면 시동 모터가 돌게 되어 있다. 또, 감속할 때의 에너지를 배터리에 충전시키는 시스템도 채용하고 있는 등 마츠다가 지금까지 개발해 온 하이브리드 시스템 기술이 적극적으로 활용되어 있다.

■ 실용화를 위한 개발

현재 이 수소 로터리 엔진을 탑재한 마츠다 RX-8가 테스트 주행을 실시하고 있다. 이 차량에 실려있는 고압수소 탱크는 74리터이고, 수소만으로 달릴 수 있는 거리는 약 60km 정도로 아직은 현실적이지 못하다.

가솔린 엔진으로도 사용할 것을 전제로 하고 있기 때문에 커다란 탱크를 탑재하지 못한다는 제약도 있지만, 수소 공급에 문제가 있는 현시점에서의 연구 차량이라는 점이 가장 큰 이유다. 따라서 많은 수소 충전소가 각지에 설치되면 수소 연료에 대한 의존도도 커질 것이다. 지금부터의 개발 상황이나 인프라 정비의 진행 여하와도 관련되는 문제이다.

수소 로터리 엔진의 고압수소 흡입구

종래의 엔진 기술을 활용해서 로터리 엔진의 결점을 보완하는 수소 엔진은 상당한 현실성이 있다.

기존의 생산방식을 사용해서 만들어진 엔진을 부활시키는 방법으로서 그 실현을 기대해 본다. 그러기 위해서는 현행 로터리 엔진 자동차가 일정 이상의 판매를 보여서 로터리 엔진의 존재 의의가 지속적으로 유지되어야 한다. 고생해서 개발해 놓은 이 재미있는 동력발생 장치가 하나의 선택지로서 앞으로도 오래 생존해 주었 으면 좋겠다.

　　로터리 엔진의 실용화에 성공한 유일한 제조사인 마츠다는 일찍부터 차세대 에 너지인 수소에 착안해왔다. 이것들을 조합시킨 동력발생 장치 개발은 마츠다의 아 이덴티티이기도 하다. 마츠다는 고압탱크를 이용해서 엔진 개발을 계속할 의향인 데, 예전의 수소 로터리 엔진에서는 수소 흡장 합금을 개발해서 탑재하고 있었다. 경량화하기가 어렵지만 이 연구 개발도 계속 이루어질 것이라고 한다.

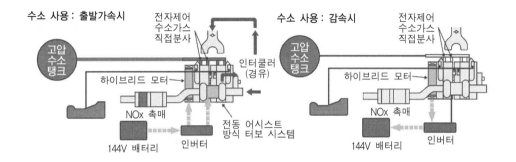

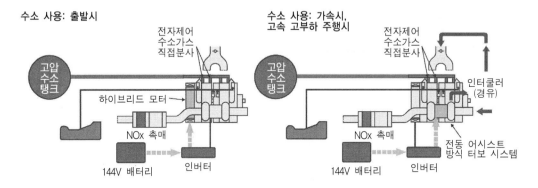

제4장
연비가 좋은 디젤엔진의 동향

4-1 디젤 엔진의 장점과 문제점

유럽에서는 디젤 엔진 승용차의 보급률이 높다. 고속으로 달리는 시간이 길고, 주행거리도 우리나라보다 한참 많기 때문에 가솔린 엔진과의 경제적 차이가 크기 때문이다. 우리나라에서는 디젤 엔진은 트럭이나 버스 등 대형 차량에 쓰이는 것으로 인식되어 있지만, 소형 승용차용으로서의 디젤 엔진이 연비 성능에서 우수하다는 점에는 변함이 없다. 다만 고압 연료펌프 등 비싼 장비가 필요하므로 차량 가격이 비싸진다. 따라서 연료값이 싸더라도 주행거리가 짧으면 그다지 장점은 없다. 또 가솔린 엔진 자동차보다 진동이나 소음이 크고, 같은 배기량에서 힘이 없다는 단점도 있다.

그러나 최신 기술이 적용된 현재의 디젤 엔진은 그러한 결점이 많이 보완되었고, 연비 성능이 주목을 끌기 시작하면서 무시할 수 없는 동력 발생 장치로 인식되고 있다. 다만 배기가스 규제가 엄격해지면 가솔린 엔진과는 또 다른 문제가 산적해 있는 등 디젤 엔진이 앞으로 어떻게 전개될는지는 예측하기가 힘들다.

■ 연비를 추구한 엔진

현재 양산되는 승용차(2인승을 제외) 중에서 연비가 가장 좋은 것은 모델 체인지 받은 프리우스일 것이다. 리터당 35km를 자랑한다. 2000년에는 독일 폭스바겐 르포TDI가 최고였다. 이 차는 세계 최초로 3리터 카라고 불렸다.

3리터 카란 100km를 달리는 데에 연료 3리터 이내만 있으면 되는 자동차를 말한다. 우리 식으로 고쳐 말하면 리터당 약 33km이다. 유럽에서 3리터 카가 화젯거리가 된 것은 이산화탄소 CO_2 삭감이 지구 온난화를 방지하기 위해 주목받기 시작하면서, 자동차의 연비 향상이 중요성을 띠면서 독일의 세금 우대정책이 연비를 기준으로 설정되었기 때문이

최초의 3리터 카로 지정된 르포TD

다. 각 제조사가 3리터 카를 개발하기 시작했고 그 중에서 폭스바겐이 선두로 시장 투입에 성공했던 것이다.

연비가 좋고 나쁨은 자동차 쪽의 조건에도 크게 좌우 받는 것이라서 프리우스와 르포를 같은 줄에 세워놓고 비교하기란 어렵다. 구조가 복잡하고 제작비가 많이 드는 하이브리드 카는 장래의 기술 개발이라는 의미가 크지만, 독일의 세금 우대 정책은 지금 당장 많은 자동차가 이렇게 되어 주었으면 하는 발상에서 나온 것이고, 거기에 부응하기 위해 디젤 엔진이 선택받은 것이다.

또 일본에서는 10·15모드라고 불리는 비교적 저속 주행 위주의 모드에서 연비를 계측하지만, 유럽에서는 고속 주행을 크게 우선시키는 차이도 있다. 이러한 배경 때문에 하이브리드 카인 프리우스는 고속 주행보다는 저속 주행에서 연비 삭감 효과가 크다.

디젤 엔진의 연료인 경유는 가솔린에 비해 무겁고, 동일 체적으로 비교할 때에 발열량이 크다. 디젤 엔진은 압축비를 크게 설정할 수 있기 때문에 열효율이 좋다. 구조적으로 디젤 엔진이 가솔린 엔진보다 연비 성능이 우수한 소질을 갖추고 있는 것이다. 이러한 디젤 특성을 최대한 활용해서 트랜스미션과의 궁합이나 공력 특성 추구, 서스펜션을 비롯한 각 파츠 류에 알루미늄 합금을 사용하는 등 차체 경량화를 실현해서 연비 성능 향상을 위한 기술적 추구가 이루어진 것이 르포TDI이다.

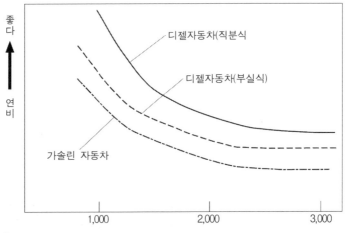

디젤 자동차와 가솔린 자동차의 연비 비교

■ 디젤 엔진의 기초지식

가솔린 엔진과의 최대 차이점은, 점화 플러그가 없고 공기를 고압으로 압축한 연소실에 연료를 분사해서 자연착화 시키는 내연기관이란 점이다. 연료 분사량으로 출력을 조절하며 공기량을 조절하는 스로틀 밸브는 없다.

가솔린 엔진은 점화 플러그로 한 지점에서 착화가 이루어진다. 따라서 화염이 퍼지기 전에 점화 플러그 외의 장소에서 제멋대로 착화가 이루어지는 노킹 현상의 발생을 억제하기 위해 압축비를 올리기가 어렵다.

그러나 디젤 엔진은 자연착화 방식이므로 고압으로 연료를 분사해 주면 여기저기서 공기와 닿는 대로 연소가 일어난다. 노킹 우려가 없으므로 압축비를 올리기가 수월하다. 따라서 연효율이 가솔린 엔진보다 훨씬 높다.

또 가솔린 엔진은 출력을 올리기 위해서 연소를 일찍 끝내야할 필요가 있기 때문에 화염이 퍼져 나아가는 범위가 넓으면 불리해진다. 따라서 보어를 일정 이상으로 키우기가 힘들고, 출력을 올리려면 다기통화가 필수다.

반면 디젤 엔진은 여기저기서 연소가 이루어지므로 보어Bore 크기에 대한 제한이 적고, 기통수를 늘리지 않아도 배기량을 키울 수가 있다. 디젤 엔진이 대형 차량에 즐겨 채용되는 이유가 바로 이것이다.

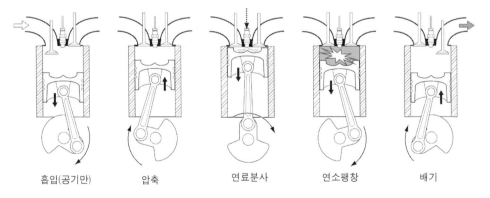

| 흡입(공기만) | 압축 | 연료분사 | 연소팽창 | 배기 |

현재의 승용차용으로 주류가 되어가고 있는 직분 디젤 엔진의 4 스트로크 행정을 나타낸 그림. 가솔린 엔진에서 점화 플러그가 있는 곳에 인젝터injector가 배치되어 있다.

고압으로 연료를 분사하기 때문에 엔진 진동이 가솔린 엔진에 비해 크고, 이에 대처하기 위해 실린더 블록이나 피스톤 등을 두껍고 튼튼하게 만들어야 하기 때문에 엔진 전체가 크고 무거워지는 경향이 있다. 엔진에게 요구되는 경량 소형 관점에서는 이점이 불리하다.

가솔린 엔진은 연소시키기 전에 혼합기를 만들어 공기와 연료를 잘 섞기 때문에 완전 연소시키기가 쉽고 열에너지를 운동에너지로 변환하기가 좋다. 그러나 디젤 엔진은 공기와 연료가 별도로 공급되므로 공기(산소)를 최대한 사용하지 못해서 같은 배기량의 가솔린 엔진에 비해 힘이 달린다.

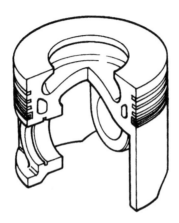

직분 디젤 엔진에 사용되는 피스톤.
피스톤 크라운 부의 공간이 연소실을
형성한다.

이런 파워 부족을 보완하기 위해 대부분의 디젤 엔진은 터보차저가 달려 있다. 가솔린 엔진에서는 공기를 과급하면 노킹이 발생하기 쉬워져서 압축비를 많이 올리지 못하지만, 디젤 엔진은 노킹의 우려가 적기 때문에 과급된 공기의 양에 걸맞은 연료를 공급해 주기만 하면 된다. 터보와의 궁합은 가솔린 엔진보다 훨씬 좋다. 르포 TDI도 직렬 3기통 1200cc 의 파워 부족을 터보로 보완하고 있다.

진동소음 경감과 배기규제 통과라는 두 가지 문제점만 해결할 수 있다면 디젤 엔진은 경제성이 우수한 엔진으로 앞으로도 계속 사용될 것이다.

4-2 신세대 디젤 엔진의 특성

■ 새로운 기술 도입

경제성이 가장 중요한 대형차와는 달리 쾌적성이나 동력 성능이 중요시되는 승용차 엔진으로 디젤 엔진은 그다지 큰 인기를 끌고 있지 못하다. 그러나 전자제어 기술의 도입으로 새로운 단계에 접어들고 있다.

가장 큰 변화는 과거의 승용차용 디젤 엔진은 부실副室식 연소실 엔진이 주류였으나, 지금은 직분식으로 바뀌고 있다.

부실식이란, 본래의 연소실 옆에 작은방(부실)을 마련해 놓고 이곳에 연료를 분사해서 작은 연소를 일으킨 다음, 이 화염을 연소실로 끌어와서 전체로 타 들어가도록 하는 방식을 말한다. 이에 반해 직분식은 가솔린 엔진과 마찬가지 이치로 연소실에 직접 분사하는 방식인데, 연비 성능은 다소 좋지만 진동이나 소음이 크고, 질소산화물 NOx이나 입자상 물질 PM 등의 유해 배출물 발생이 많은 경향이 있다. 그래서 경제성을 우선시하는 중대형 트럭 등에는 직분식, 고회전 사용이 많은 승용차에는 부실식이 채용되었다.

최근에 들어 신기술이 개발되어 직분식의 단점들이 사라지면서 승용차에도 직분식이 채용되게 되었다. 그 대표적인 것이 커먼레일 방식 분사이며, 이것을 가능하게 한 것이 전자제어 기술이다.

연소를 촉진하기 위해 디젤 엔진에서는 고압으로 연료를 분사한다. 그 압력을 지금까지의 것보다 높이는 방법 중의 하나인 커먼레일 방식은, 분사할 때에 연료에 압력을 가하는 것이 아니라, 파이프 안에 들어있는 연료에 고압을 가하고 있다가 필요에 따라 분사하는 방식이다. 각 기통에 공통된 파이프를 커먼레일이라 부르는 데에서 이 명칭이 붙었다. 종래의 기계식 분사펌프로도 고압을 가할 수 있지만 정밀한 제어는 기대하기 힘들다.

커먼레일 방식에서는 연료의 압송과 분사량을 분리해서 제어할 수 있기 때문에 연소 촉진을 위해 다양한 제어가 가능하다. 기계식으로도 분사량이나 분사 타이밍을 전자 제어할 수는 있지만, 분사 압력이나 분사율 등 더욱 세밀한 부분까지 제어하려면 커먼레일이 아니면 불가능하다.

분사압력은 단순한 엔진 회전수가 아닌 엔진 부하에 따라 변화시킨다. 고부하 시에는 압력을 높여서 연료의 미립화를 촉진시킴으로서 완전연소에 가까운 연소를 실현시킬 수 있다. 즉 불완전연소에 의한 미립상 물질 PM의 배출량을 줄일 수 있다.

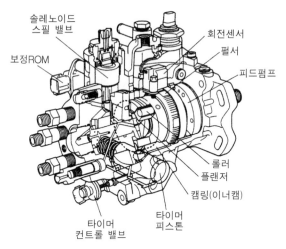

경유를 연소시키기 위해 디젤 엔진에서는 고압 연료 펌프가 불가결하다. 이것은 보쉬 방식 분사 펌프이다

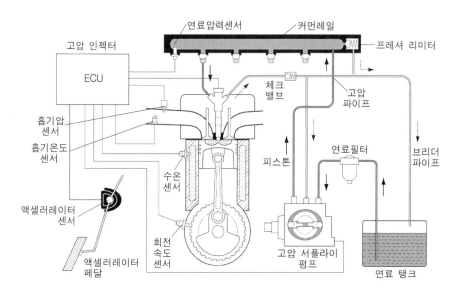

커먼레일 방식 분사 디젤 엔진의 시스템을 나타낸 그림. 연료 펌프에 의해 높은 압력으로 가압된 연료가 커먼레일(공통된 관) 안에서 대기하고 있는 것이 특징이다.

분사율 제어란, 우선 소량의 연료를 분사해서 연소실을 뜨겁게 만들어 놓은 다음에 본래의 분사을 실시해서 연소를 촉진하는 데에 효과적인 시스템이다. 착화 지연 현상이 줄고, 엔진 냉간시의 연소 악화도 방지할 수 있어서 배기성능 면에서 유리하다.

디젤 엔진에서 연료에 가하는 압력은 종래는 700기압 정도였는데 지금은 1400~1500기압이 보통이며 가솔린 엔진과는 아예 자리수가 다르다. 직분 가솔린 엔진이 아무리 높아야 120기압 정도임을 생각하면 디젤 엔진의 연압이 얼마나 높은지 이해가 된다. 경유는 가솔린보다 점성이 높아서 그만큼 미립화 되기 어렵기 때문에 잘 태우기 위해서는 고압이어야 하는 것이다.

신세대 디젤 엔진은 DOHC 4밸브이다. 피스톤 크라운 부가 오목하게 패여 있는 것이 디젤 엔진의 특징이며 이 부분이 연소실을 형성하게 된다. 흡배기 밸브는 수직으로 서 있는데, 이것은 압축비를 올리기 위해서이다. 가솔린 엔진의 펜트루프 타입으로는 압축비를 올리기 힘들다.

고압 펌프만 있다고 해서 연료의 미립화가 잘 이루어지는 것은 물론 아니다. 분사량과 분사 타이밍을 정확하게 컨트롤 할 수 있는 정교한 인젝터 개발이 필수이다. 신뢰성 있는 고성능 인젝터를 실용화시키기에는 상당한 고생이 뒤따랐지만 그것이 가능해졌기 때문에 신세대 디젤 엔진이 탄생할 수 있었던 것이다.

커먼레일 방식 디젤 엔진에는 정밀한 전자제어 기술이 필수불가결하며, 그 기술 진화 덕분에 승용차용 엔진으로 활용폭을 넓힐 수 있었던 것이다.

■ 배기규제와의 관계

연비가 좋고 이산화탄소 배출량이 적은 디젤 엔진이지만 가솔린 엔진보다 불리한 배기가스 문제는 여전히 남아있다. 가솔린 엔진이 승용차용 엔진의 주류이었던 까닭에 규제가 먼저 실시되었지만 이제는 디젤 엔진에 대해서도 엄격한 규제를 적용하려는 움직임이 보이고 있다. 대형 트럭이 방출하는 PM는 심각한 문제가 된지 오래고, 승용차용 디젤 엔진도 같은 문제가 대두되고 있다.

커먼레일 방식 덕분에 배기 성능이 향상된 것은 사실이지만 디젤 엔진은 산화와 환원을 동시에 실시하는 삼원촉매를 사용하지 못한다는 문제를 안고 있다. 삼원촉매를 사용하기 위해서는 공기와 연료의 비율을 이론공연비인 14.8대 1로 정확히 유지해야할 필요가 있는데, 디젤 엔진에서는 공기의 비율이 크기 때문에 불가능하다. 그래서 환원작용으로 삭감하는 질소산화물 NOx을 다른 방법으로 줄이고, 일산화탄소 CO와 탄화수소 HC를 산화촉매로 감소시키는 방법을 채용하고 있다. 또 입자상 물질 PM 삭감도 산화촉매로 실시한다.

커먼레인 방식에서는 고압분사로 인해 연소온도가 높아져서 실소산화물 NOx 발생량이 많아진다. 배기가스 환류기구인 EGR을 사용해서 온도를 낮추도록 하고 있지만 이걸로는 한계가 있다. 그래서 도요타가 개발하고 있는 새로운 대책이 디젤용 촉매 시스템인 DPNR이다. 배기가스에 포함되어 있는 질소산화물 NOx와 입자상 물질 PM을 동시에 대폭적으로 연속해서 삭감할 수 있다.

이것은 가솔린 엔진에 사용된 린 번용 NOx 흡장형 삼원촉매 기술을 응용해서 개발되었다. 커먼레일 방식 전자제어 연료분사 시스템의 공연비 제어 시스템과 협조하면서 NOx와 PM을 산화와 환원 작용으로 정화한다. 공연비를 린하게 만들어서 연소 중에는 NOx를 흡장해 놓았다가, 그 양이 많아지면 순간적으로 공연비를 리치하게 만들어 연소시켜 NOx를 환원 정화하는 것이다. PM을 정화하기 위한 산화는 린 일 때에도 실시되지만, 이 때에 발생하는 활성산소종에 의해 PM을 산화시킨다.

이 DPNR 촉매 시스템은 경유에 유황분이 함유되어 있으면 정화 능력이 떨어진다. 일본에서는 2003년 4월부터 저유황 경유가 대부분의 주유소에 공급되기 시작해서 사용이 가능해졌다. 지금까지는 경유에 함유된 유황분이 500ppm이었지만 이제는 50ppm으로 낮아졌다. 유럽에서도 점차 유황분이 적은 연료가 나올 예정이지만, 세계적으로 보았을 때에 이것은 결코 쉬운 문제가 아니다. 석유 정제설비 등에 돈이 들기 때문에 세계적으로 보급되기 위해서는 앞으로도 적지 않은 시간이 걸릴 것으로 보인다.

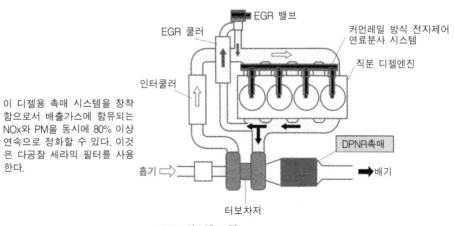

이 디젤용 촉매 시스템을 창착
함으로서 배출가스에 함유되는
NOx와 PM을 동시에 80% 이상
연속으로 정화할 수 있다. 이것
은 다공잘 세라믹 필터를 사용
한다.

DPNR 시스템 그림

촉매 단면도

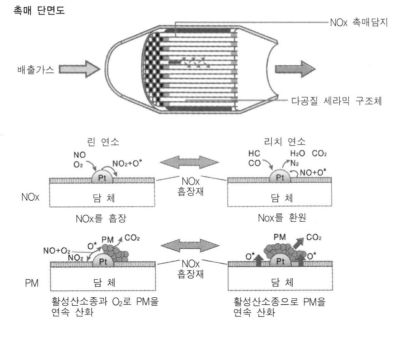

NOx와 PM 정화 메커니즘

4-3 일본의 디젤 엔진 개발 상황

가솔린 엔진 항에서 살펴보았듯이 해외 제조사와 제휴하고 있는 일본 제조사의 대부분은 디젤 엔진에 관해서는 유럽 제조사가 담당하고 있다. 각각 자기가 잘하는 분야에서 기술력을 발휘하자는 취지인데, 개중에는 예외도 있다. GM과 이스즈의 관계가 그것이다. 이스즈의 디젤 엔진에 관한 기술은 세계 최고 수준이다.

■ 이스즈의 커먼레일 방식 디젤 엔진

커먼레일 방식을 일본에서 최초로 실용화시킨 것이 이스즈이다. 1998년에 빅혼에 탑재한 디젤 엔진이 신세대 디젤 엔진의 선구자 역할을 했다.

이 엔진은 연소를 촉진하기 위해 DOHC 4밸브, 헬리칼 포트 형상을 채용하고 있으며 냉각 성능 향상을 위해 알루미늄제 실린더헤드를 장착하고 있다. 4밸브화로 가솔린 엔진의 점화 플러그 위치에 인젝터를 배치해서 연소실에 직접 연료를 분사한다. 고압 분사로 착화가 이루어지므로 이 위치가 가장 이상적인 연소를 가능케 한다.

진동 소음 대책으로는 밸런서나 특수 기어를 채용하거나 플라이휠에 댐퍼를 장착해서 대처하고 있다.

이런 노력으로 기존의 디젤 엔진에 대한 마이너스 이미지를 크게 쇄신하는 데에 성공했다. 소형차용 디젤 엔진에 있어서 이스즈는 세계 수준에 있음을 증명한 것이다.

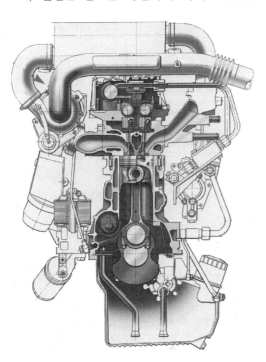

이스즈의 커먼레일 디젤 엔진

■ 닛산의 M-Fire 연소 엔진

도요타와 닛산도 뒤를 이어 커먼레일 방식을 채용하고 있다. 그 중에서 닛산의 M-Fire 연소라 이름 붙여진 신세대 디젤 엔진에 대해 알아보자.

닛산은 예전부터 승용차용 디젤 엔진으로 세드릭 클래스에 3.0 리터를 탑재하고 있었다. 이것은 부실 연소실 엔진이었는데 이번에 최신 직분식으로 개량해서 연소 개선을 꾀한 것이다.

M-Fire 연소의 특징은 분사 타이밍에 있다. 종래에는 상사점에 이르기 비교적 이른 타이밍이 당시의 상식이었는, 이것을 상사점에 상당히 근접한 타이밍에 분사 하도록 한 것이다. 착화되어 연소가 시작하기까지는 어느 정도 시간이 걸리기 때문에 연소 화염이 사방으로 퍼질 때쯤이면 피스톤은 이미 하강하고 있다. 압축된 상태에서 연소할 때보다는 연소 온도가 낮아지고 급격한 팽창을 억제할 수 있다. 연소를 시작할 때까지 여유가 있기 때문에 연료와 공기가 비교적 잘 섞여서 완전 연소에 가까워진다.

닛산 3리터 직분 디젤 엔진

즉, 연소 온도를 낮춤으로서 실소산화물 NOx 배출량을 줄이고, 완전 연소에 근접시킴으로서 입자상 물질 PM 발생을 억제하려는 것이다. 연소 분석과 시뮬레이션 기술의 진보로 이러한 제어가 가능하게 되었다.

닛산의 M-Fire 연소는 종래의 4밸브 엔진의 흡배기 밸브 배치가 90도 비틀어진 레이아웃을 하고 있다. 즉 흡배기가 엔진 좌우가 아닌, 전후로 나뉘도록 되어 있는 것이다. 이렇게 하는 편이 와류를 일으키기가 편하기 때문인데 와류를 발생시키는 컨트롤 밸브가 흡기 포트에 마련되어 있다. 저부하 시에는 스트레이트 포트를 닫고 헬리칼 포트만을 열고, 고부하 시에는 두 개의 포트를 모두 연다. 모든 회전역에서 연소 효율을 높이기 위해서이다.

디젤 엔진이 안고 있는 문제는 배기규제와 관계로 앞으로 어떤 전개가 이루어질지 예측을 불허한다. 적어도 지금까지 살펴본 신기술 엔진도 더욱 새로운 기술 개발이 필요한 것만은 사실이다.

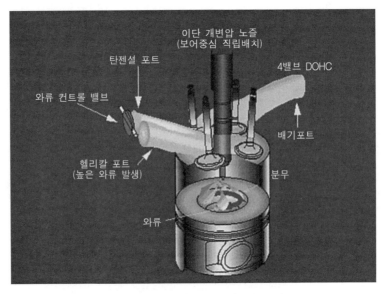

닛산 M-Fire 연소엔진

4-4 새로운 디젤 엔진의 동향

디젤 엔진에 있어서 중요시 되는 항목은 ① 동력성능, ② 더욱 향상된 연비, ③ 배기 정화 향상, ④ 진동 소음 대책 등이다. 유럽으로의 수출이 과거 어느 때보다도 증가해 있는 현재, 일본 제조사도 디젤 엔진에 무관심할 수만은 없는 노릇이다. 앞으로 어떻게 진화해 갈 것인지 그 동향을 2003년 동경모터쇼에 전시되어 있던 마츠다, 혼다, 다이하츠의 엔진을 보며 예상해 보도록 하자.

■ 마츠다의 신세대 디젤 엔진 MZR-CD

20세기 말부터 등장하기 시작한 신세대 디젤 엔진에 적용되어 있는 마츠다의 최신 기술을 살펴보자. 유럽에 수출을 많이 하는 마츠다 기술의 집합체이다.

수랭 직렬 4기통 DOHC 4밸브 터보 커먼레일 방식이다. 동력 성능 향상을 위한 터보차저는 가변 노즐 방식이라 불리는 것으로서 닛산의 M-Fire 연소 디젤에 채용되었던 것과 동일한 기구이다. 배기를 이용하는 터보는 고회전이 될수록 과급이 커지지만, 저회전에서는 제대로 효과를 발휘하지 못한다는 결점이 있다.

마츠다의 신개발 커먼레일 시스템 디젤 엔진 MZR-CD.
1998cc, 출력 목표치는 110kW/3500rpm이다.

그래서 저회전에서도 나름대로 터보 효과를 얻기 위해서 배기 터빈으로 가는 통로 면적을 배기 유량 크기에 따라 변화시킨다. 유량이 작으면 좁히고, 많아질수록 넓혀서 배기를 효과적으로 이용할 수 있다. 과거에 가솔린 엔진에 채용되었던 가변 터보와 동일한 이치이다. 부드러운 가속 성능과 최고출력, 최대 토크 등도 향상된다.

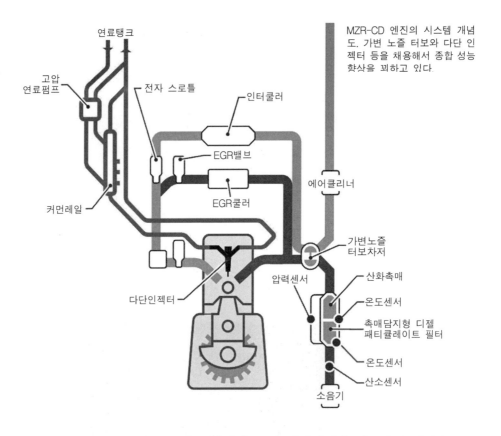

연료탱크
고압 연료펌프
전자 스로틀
인터쿨러
EGR밸브
EGR쿨러
에어클리너
커먼레일
가변노즐 터보차저
다단인젝터
압력센서
산화촉매
온도센서
촉매담지형 디젤 패티큘레이트 필터
온도센서
산소센서
소음기

MZR-CD 엔진의 시스템 개념도. 가변 노즐 터보와 다단 인젝터 등을 채용해서 종합 성능 향상을 꾀하고 있다.

닛산 M-Fire 연소에서는 연료 압력이 1500기압이지만 마츠다의 엔진은 1800기압까지 가압한다. 이토록 고압으로 만든 커먼레일의 연료를 필요에 따라 분사하기 위해서는 고도의 전자제어 기술이 필요하다.

또한 인젝터는 운전상황에 따라 다단 분사가 이루어진다. 1사이클마다 9회까지 다단 분사가 가능하고, 분사량, 분사 타이밍, 분사 횟수도 제어된다. 간헐적으로 분사함으로서 착화 직후의 디젤 특유의 급속 연소를 억제한다. 이에 따라 연료 미립화가 촉진되어 연소 개선, 동력 향상, 배기 성능 개선, 연비 향상 등이 이루어진다. 다단 분사로 연소 상태를 완만하게 만들어서 진동소음을 억제하는 효과도 있다.

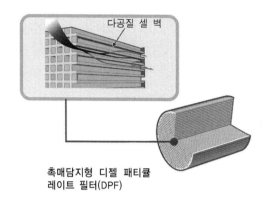

다공질 셀 벽

촉매담지형 디젤 패티큘
레이트 필터(DPF)

저 배기 성능 향상 대책으로는 촉매 담지형 디젤 패티큘레이트 필터 DPF를 채용하고, 저압축화, 진화된 배기환류 시스템 EGR을 채용하는 방법 등이 있다.

디젤 엔진의 배기가스 중에서 가장 큰 문제인 입자상 물질 PM을 제거하기 위해서는 필터를 장착하는 것이 효과적이다. 이것과 산화촉매를 조합한 것이 DPF이다. 세라믹스로 만든 필터로 PM을 포획하고, 일정량이 모이면 태워서 제거한다. 원리는 도요타의 DPNR 시스템과 똑같다.

PM을 연소시켜 제거하기 위해 배기관에 연료를 소량 분사하고, 연소에 필요한 흡기를 제어하기 위해 전자 스로틀이 장착되어 있다. 앞 페이지 그림에 있는 스로틀은 가솔린 엔진의 스로틀과는 의미가 완전히 다르다.

또 하나의 배기 문제인 질소산화물 NOx를 줄이기 위해 압축비를 낮추고 있다. 동력 성능이 악화될 정도로 낮추는 것이 아니라, 연소 온도를 낮춤으로서 NOx를 삭감하는 것이 목적이다. 또 EGR의 효과를 높이기 위해 환류 배기의 온도를 낮추고, EGR용 밸브의 응답성을 높여 적정량의 EGR이 실린더로 공급되도록 하고 있다.

참고로 DPF는 제작비가 매우 비싸다. 이것을 장착하는 차량은 가격도 그만큼 오를 것이다.

■ 혼다의 디젤 엔진

눈에 뜨이지는 않았지만 혼다의 승용차용 디젤 엔진도 모터쇼에 전시되어 있었다. 어코드를 유럽에서 팔기 위해서는 디젤 엔진이 필요하다. 혼다는 4스트로크 가솔린 엔진 일변도의 제조사라는 이미지가 강하지만 글로벌화를 도모하기 위해서는 디젤 엔진의 개발도 이루어지지 않으면 안된다. 다만 디젤 엔진을 만들어본

경험이 별로 없기 때문에 기술적 축적은 풍부하지 못하다. 그래도 아무와도 제휴하고 있지 않은 독자 노선을 견지하고 있는 이상, 디젤 엔진 개발을 포기할 수는 없는 노릇이다.

엔진 제조에 있어서는 세계 최첨단을 걷는다고 자부하는 혼다도 디젤 엔진에 있어서는 이제야 선발주자를 뒤쫓는 단계이다. 기술 개발을 위해 유럽의 도로를 달림으로서 경험과 노하우를 얻으려고 한다. i-CTDi 라는 이름의 신세대 디젤 엔진은 커먼레일 직분, 인터쿨러 터보이다. 2.2리터로 140ps, 34.7kgm의 성능을 발휘한다고 한다.

혼다의 유럽 수출모델에 탑재되는 디젤 엔진

■ 다이하츠의 2스트로크 디젤 엔진

과거의 모터쇼 때부터 다이하츠는 2스트로크 엔진을 출품해 왔었는데, 2003년 모터쇼에서는 더욱 진화된 모습을 보였다. TOPAZ 2CDDI라 불리는 이 디젤 엔진은 수랭 2기통 DOHC 4밸브의 유니플로우 소기 엔진이다. 성능 향상을 위해 수퍼처저와 터보차저를 동시에 갖추고 있는 것도 특징이다. 배기량은 660cc 경자동차 규격이다.

2스트로크로 해서 과급하는 이유는 엔진 크기를 줄이면서 동력 성능은 가솔린 엔진에 뒤지지 않도록 하기 위함이라고 보인다. 수퍼차저로 저속역에서의 토크를 확보하고, 고속역에서는 터보 효과를 발휘해서 모든 회전역에서 성능에 걸맞은 공기량을 확보하려는 작전이다.

직분 커먼레일 방식을 채용하고, 연료 분사압은 1600기압, 소기 포트는 와류가 발생하는 형상으로 만들었다. 다단 분사 인젝터로 연소를 촉진하고, 입상 물질 PM을 줄이고 있다. 내부 EGR을 활용해서 질소산화물 NOx 발생량을 억제한다.

2스트로크는 소기가 원활하고 출력을 높이는 데에 효과가 있다. 티타늄제 밸브를 채용하고, 배기 포트는 실린더에 대해 좌우 양쪽에 분할한 구조로 만들어서 소배기 효율과 내구성을 향상시키고 있다.

이 엔진은 나날이 엄격해지는 배기규제를 통과하고, 경량소형이면서도 고출력, 고연비를 얻을 수 있는 것으로 만들기 위해 개발이 계속 진행 중이다. 현재 최고출력은 54마력, 최대토크는 13.3kgm라고 발표되어 있다.

2기통 엔진으로 개발되고 있지만 3기통, 4기통으로 응용하는 것도 가능하므로, 종합 성능이 우수한 것이 개발된다면 경자동차용 엔진은 물론, 어느 정도 배기량이 큰 엔진으로 만들 가능성도 있을 것이다.

다이하츠 2스트로크 TOPAZ 2CDDI 엔진

제5장

하이브리드카의 특징과 앞으로의 동향

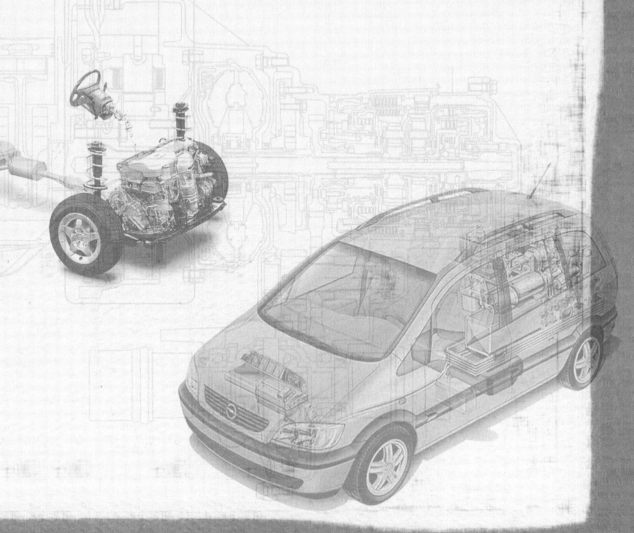

5-1 하이브리드 카의 장점과 문제점

하이브리드란 혼합물 또는 잡종 등을 뜻하는 단어이다. 가령 크랭크 샤프트의 힘을 이용해서 과급하는 수퍼차저와 배기를 이용해서 과급하는 터보차저를 동시에 갖추고 있는 것을 하이브리드 과급이라고 부른다.

하이브리드 카란 다른 종류의 동력원을 탑재하는 자동차를 말한다. 그 대부분은 내연 기관과 전기 모터를 조합한 것이 많은데, 예들 들면 그 중에는 가스 터빈으로 발전해서 모터를 돌리는 하이브리드 카도 있다. 그러나 이 책에서 말하는 하이브리드 카는 내연 기관과 모터를 함께 탑재하는 경우를 가리키며, 일반적으로도 그렇게 인식되어 있다.

원래라면 한 가지 동력만 있으면 되는 자동차에서 종류가 다른 복수의 동력을 탑재하는 하이브리드 카는 엔진 외에도 모터를 구동하기 위해 크고 무거운 배터리를 실어야 하며, 전류를 직류에서 교류로 바꾸는 인버터 등 여러 가지 부품을 추가로 탑재해야 하기 때문에 제작비용이나 중량 면에서 손해이다. 그럼에도 불구하고 하이브리드 방식을 추구하는 것은 복잡해지더라도 그 만큼의 장점이 있기 때문이다.

■ 하이브리드 카의 이점

그렇다면 하이브리드 카는 어떤 이점이 있는 것일까? 간단하게 말하자면 모터의 좋은 점과 엔진의 좋은 점만 활용해서 적은 연료로 더 많은 일을 하게 하자는 것이다. 즉 엔진과 모터의 우수한 분야를 잘 조합해서 종합적인 효율 향상을 노리는 것이다.

엔진과 모터는 자동차를 달리게 하는 데에 필요한 토크 발생 방법이 서로 다르다. 잘하는 분야가 따로 있다는 뜻이다. 정지 상태에서 출발하고, 가속과 감속을 반복하고, 일정한 속도로 주행하기 위해서 일반적으로 엔진은 아이들링 600~700rpm에서 최고 6000~7000rpm까지도 돈다. 속도 제로부터 시속 100km/h 이상의 최고속까지 끊임없이 속도가 변하는 데에 맞추다 보니 엔진에는 큰 부하가 걸리게 된다.

본래 엔진이란 회전수에 관계없이 토크가 플랫 특성을 나타내도록 되어 있다. 그러나 출력과의 관계로 최대 토크를 발생하는 엔진 회전수는 가령 2500rpm이나

3000rpm, 경우에 따라서는 그 이상에 설정되곤 한다. 그러나 토크를 가장 필요로 하는 것은 정지 상태에서 출발할 때이다. 따라서 속도 제로 상태부터 어느 정도의 속도까지 가속하는 일은 엔진이 제 능력을 발휘하는 분야가 아닌 것이다.

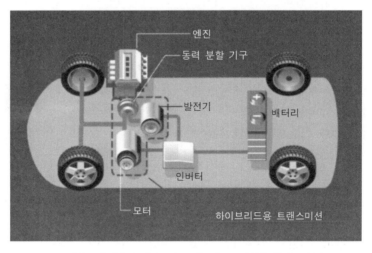

프리우스에 채용된 하이브리드 시스템. FF방식을 취하고 있다.

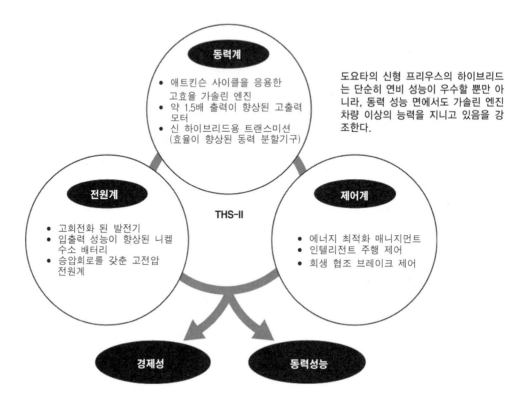

도요타의 신형 프리우스의 하이브리드는 단순히 연비 성능이 우수할 뿐만 아니라, 동력 성능 면에서도 가솔린 엔진 차량 이상의 능력을 지니고 있음을 강조한다.

한편 모터는 제로 상태에서 움직이자마자 상당히 큰 토크를 발생시킬 수 있다. 돌기 시작하는 때가 최대 토크를 발생하는 때이므로 자동차가 출발하는 순간에 안성맞춤인 동력이다. 그래서 출발할 때에는 모터를 주로 사용하고, 어느 정도 이상의 속도에 도달하면 엔진이 구동을 담당하면 좋다.

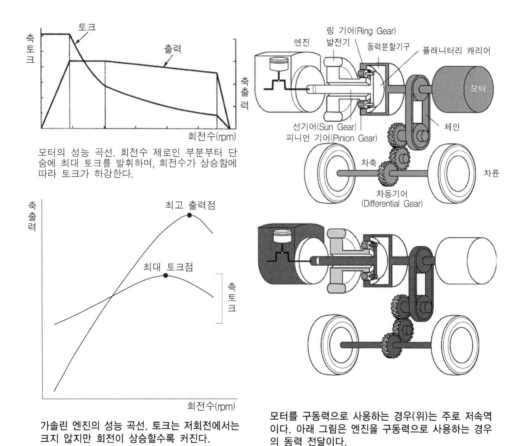

모터의 성능 곡선. 회전수 제로인 부분부터 단숨에 최대 토크를 발휘하며, 회전수가 상승함에 따라 토크가 하강한다.

가솔린 엔진의 성능 곡선. 토크는 저회전에서는 크지 않지만 회전이 상승할수록 커진다.

모터를 구동력으로 사용하는 경우(위)는 주로 저속역이다. 아래 그림은 엔진을 구동력으로 사용하는 경우의 동력 전달이다.

이 사실은 연비 절감을 위해 매우 중요하다. 시내에서 자동차를 운전할 경우, 가솔린 엔진은 속도가 나지 않으면 실주행 연비가 나쁘다는 것은 다 아는 사실이다. 교통 체증에 걸리기라도 하면 최악이다. 엔진의 효율이 떨어지는 부분, 즉 회전수가 낮은 상태로 엔진을 계속 사용한 결과이다. 이 부분을 모터가 담당해 준다면 연비 악화를 막을 수 있다.

또 하나, 엔진의 회전이 낮으면 배기가스가 지저분하다는 단점이 있다. 특히 정지 상태에서 출발할 때나 냉간 시에 시동을 걸 때 등은 일산화탄소 CO나 탄화수소 HC 등의 유해 물질 배출량이 극단적으로 증가한다. 가솔린 엔진의 경우는 아이들링 상태일 때의 배기가스를 얼마나 정화시킬 수 있는가가 배기성능을 크게 좌우한다.

모터를 동력으로 사용한다는 전제를 세우면 엔진의 성격을 그에 맞춰 설정해서 엔진 자체의 효율을 향상시킬 수 있게 된다. 즉 저회전부터 고회전까지의 모든 영역에서 충분한 성능을 발휘시키려고 무리를 할 필요가 없으므로, 연비 악화를 희생으로 받아들이지 않아도 된다. 모터와의 병용으로 엔진의 부담을 줄일 수 있는 만큼 엔진 자체의 효율을 올릴 수 있는 것이다.

연비와 배기는 앞으로의 자동차용 동력에게 가장 요구되는 중요한 요소인데, 이에 대해 효과적인 하이브리드 카가 주목을 받게 될 것이다.

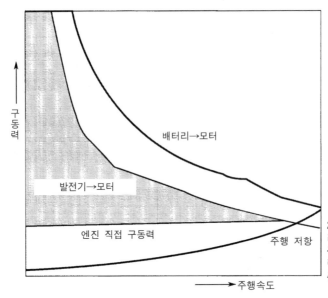

2세대 프리우스의 구동력. 하이브리드 카의 구동력은 엔진과 모터 구동력의 합계이며, 그 최대 구동력은 속도가 낮을수록 모터에 의존하는 비율이 크다.

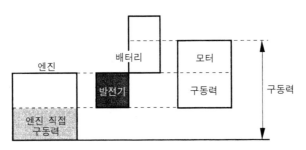

최대 구동력은 엔진과 모터의 구동력을 합한 것이다.

■ 하이브리드 카의 문제점

하이브리드 카가 아직 대중적으로 보급되지 않는 이유는 제작비가 비싸다는 것, 그리고 시스템이 복잡해지는 만큼 관련 부품이나 장비가 차지하는 공간이 커지는 것을 피할 수 없다는 등의 결점이 있기 때문이다. 하이브리드 기술은 아직 실용화 단계에 도달해 있지 않은 것이다. 이제 겨우 입구에 들어선 상태라고 말해도 좋을 듯하다.

모터를 돌리기 위해서는 전기가 필요하다. 그래서 배터리를 실어야 하는데 배터리야말로 하이브리드 엔진의 취약점 중의 하나다. 배터리에 저장할 수 있는 전기에너지 양에 한계가 있기 때문이다. 모터를 장시간 돌리기 위해서는 그에 걸맞은 용량의 배터리를 실어야 한다. 그러나 용량이 클수록 배터리는 무거워진다. 자동차의 동력 발생 장치는 무게나 크기가 작아야 바람직하므로 이것은 불리하다.

더구나 배터리는 소모품인데다가 제작비도 비싸다. 이 문제를 해결하지 않고서는 하이브리드 카의 완전한 실용화는 불가능하다고 할 수 있다. 그 해결 방법을 찾기 위해 전 세계의 제조사와 관련 부품 회사가 필사적으로 노력하고 있다.

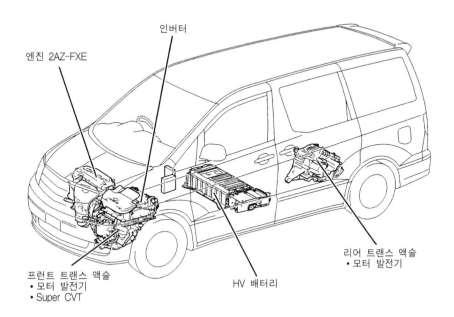

엔진 2AZ-FXE
인버터
프런트 트랜스 액슬
• 모터 발전기
• Super CVT
HV 배터리
리어 트랜스 액슬
• 모터 발전기

알파드 하이브리드. 중량이 큰 자동차일수록 효과적이지만 거대한 배터리를 실어야하는 단점이 있다. 4WD로 만들기 위해서 리어Rear를 모터로 구동하면 프로펠러 샤프트를 생략할 수 있다.

배터리의 개량은 눈부시게 진전되었지만 근본적인 해결에 도달하기까지는 아직도 먼 길을 가야할 것이다. 이러한 실정 속에서 다양한 아이디어를 활용한 다양한 종류의 하이브리드가 등장하고 있다.

가솔린 엔진 경우에는 60리터의 연료를 싣더라도 연료의 무게는 40kg 정도이다. 저장 밀도가 매우 높은 것이다. 더구나 연료 탱크를 도중에 교환할 일도 없고, 폭발할 걱정도 없다. 새지 않도록 잘 처리하고 충동 안전성을 고려해 놓으면 다루기에 까다로운 면이 없다.

이에 비해 모터를 움직이는 데에 필요한 배터리는 저장 밀도가 낮기 때문에 모터를 주력으로 하는 자동차를 만들면 거대한 배터리를 탑재하더라도 먼 거리를 달리기가 어렵다. 또 속도를 올리면 전력 소모가 급격하게 증가한다. 이런 단점을 극복하는 것이 하이브리드 카 개발의 중심 과제 중의 하나이다.

단순히 전력만이라면 제작비가 더 싼 납 배터리로도 가능하지만, 모터를 연속해서 사용하기에는 용량이 너무 커진다. 그래서 공간 효율이 우수한 니켈 수소 배터리나 리튬 이온 배터리 등을 사용하게 되는데, 이들은 납 배터리에 비해서 너무나 비싸다. 최근에는 기술의 진보로 공간 효율이 향상되어 사용 예가 늘고 있고 가격도 예전에 비하면 많이 낮아졌지만, 그래도 아직도 비싸고 공간을 많이 차지한다.

이런 문제를 안고 있기 때문에 하이브리드 카는 일반 가솔린 엔진에 비해 같은 클래스로 비교해도 수십만엔 비싼 가격 설정일 수밖에 없다. 앞으로 풀어야 할 과제이다.

■ 최첨단 기술을 구사하는 하이브리드 카

하이브리드 카의 발상은 결코 새로운 것이 아니다. 철도에서는 가솔린 엔진보다 에너지 효율이 좋은 디젤 엔진이 사용되는데, 점차 전기차가 주력을 이루고 있다. 전력을 공급받지 못하는 구간에서는 디젤 엔진을 발전용으로 써서 모터를 구동하는 하이브리드 차가 사용된 예도 있지만, 아직 철도 차량으로 실용화되려면 시간이 걸릴 것으로 보인다.

하이브리드 카는 세계에서 일본이 가장 처음으로 시판했다. 그만큼 일본의 자동차 기술이 선진적이라는 의미이다. 하이브리드 카에 사용되는 엔진은 어느 것을 보아도 일본 제조사의 최첨단 기술이 적용되어 있다. 다시 말해서 최첨단 기술을 보유하고 있기 때문에 일본 제조사가 하이브리드 카를 세계 최초로 실용화에 성공했다는 말이다.

하이브리드 카 기술은 전기 자동차 개발에서 발단이 되었다. 그 기술을 활용해서 하이브리드 카가 등장했다고 볼 수 있다.

1996년에 도요타는 RAV4 차체를 유용한 전기 자동차 RAV4LEV를 발표했다. 니켈 수소 배터리를 탑재한 점 등은 프리우스와 동일하다. 이 전기 자동차의 가격은 당시 500만엔을 넘었고 일반 왕복 엔진 자동차의 3배 가까이 비쌌다. 그 대부분이 니켈 수소 배터리 가격이었는데, 그래도 도요타는 '상당히 서비스한 가격' 설정이라고 밝혔다. 그 정도로 에너지 밀도가 높은 배터리는 비쌌던 것이다.

물론 납 배터리보다는 작게 만들 수 있지만 그래도 무게는 450kg이다. 자동차로서는 상당히 불리한 조건의 무게와 크기였다. 1회 충전으로 달릴 수 있는 거리는 약 215km, 모터 출력 45kW, 충전에 6.5시간 소요되는 등 일반적인 사용에서 실용적이지 못했다. 다른 제조사가 많든 전기 자동차들도 다소 차이는 있을지언정 기본적으로는 모두 마찬가지였다.

1996년에 발매된 니켈 수소 배터리를 사용한 전기 자동차 RAV4LEV. 이 기술이 하이브리드 개발에 도움이 되었다. 아래 사진은 이 전기 자동차에 탑재되었던 니켈 수소 배터리.

1997년 말에 발매된 세계 최초의 하이브리드 카인 프리우스는 배터리 전압은 RAV4LEV와 똑같은 288볼트이지만 니켈 수소 배터리의 용량이 작아지고 모터 출력은 30kW가 되었다. 프리우스의 차량 가격은 218만엔으로서 전기 자동차 RAV4LEV의 절반 이하 가격이다. 이 가격으로 채산성이 있다고는 아무도 생각하지 않았고, 도요타는 적자를 각오하고 판매를 개시했다. 전기 자동차 개발을 통해 모터나 배터리 등에 드는 비용을 크게 절감하는 방법을 찾아낼 수 있었고, 이것이 하이브리드 카 실용화의 길을 열었던 것이다.

■ 회생 브레이크를 사용한 에너지 회수와 아이들링 스톱

애당초 프리우스가 처음 의도했던 기획은 1990년대에 접어든 시점에서 21세기형 카롤라가 나아가야할 방향을 추구하는 것이었다고 한다. 그 개발 목표 중의 하나가 연비를 당시 카롤라의 반으로 줄이는 것이었다. 그러자면 가솔린 엔진을 아무리 개량해 봐야 실현이 불가능하다. 그래서 연비를 향상시키자면 어떻게 하야하는가에 대한 연구가 철저하게 이루어졌고, 그 결론으로 하이브리드 카가 선택된 것이다. 당초에는 시판 시기나 판매 가격 등은 고려하지 않고, 우선은 지금까지의 어떤 자동차보다도 연비 성능이 우수한 자동차 만들기에 집중했다.

하이브리드 카는 연비를 향상시키는 가능성을 지닌 시스템이다. 엔진이나 모터의 동력에 의존하는 것만이 아니라 에너지를 다시 회수하는 등 기존의 자동차에서는 시도되지 않았던 기술이 동원되었다. 감속 시에는 모터가 발전기 역할을 하여 전기 에너지를 배터리로 회수한다.

브레이크를 걸면 운동 에너지는 열 에너지로 변환되어 대기 중에 방출되어 버리지만, 전기 자동차나 하이브리드 카에서는 이런 에너지를 다시 회수하는 아이디어가 활용되어 있다. 일반적으로 회생 브레이크라고 불리는 이것은 그 효과가 결코 작지 않다. 도요타에 의하면 프리우스의 경우 연비 향상 기여율로 따지면 회생 브레이크가 20% 이상을 담당한다고 한다. 하이브리드 시스템에 있어서 이것은 상당히 유리한 일이다.

도요타와 혼다가 내놓은 하이브리드 승용차는 모두 FF차량이다. 프런트 휠에 브레이크를 걸었을 때의 에너지를 회수하게 되는데, 리어 쪽보다는 제동력이 훨씬 강하게 설정되어 있기 때문에 회수할 수 있는 에너지도 크다. 욕심 같아서는 4륜 모두한테서 회수하는 것이 좋지만, 그러기 위해서는 리어에도 모터와 발전기를 갖춰야 하므로, 회수되는 에너지에 비해 채산성이 안 맞는다.

또 하나의 효과는 차량 정지 시의 아이들링 스톱이다. 하이브리드 카에서는 자동으로 엔진을 멈추었다가 필요에 따라 자동적으로 시동이 걸리는 아이들링 스톱 기능에 의한 연비 향상 효과가 크다. 도요타 크라운의 마일드 하이브리드의 경우도 회생 브레이크와 아이들링 스톱에 의한 연비 향상 효과를 노리기 위해 하이브리드 시스템을 채용하고 있다고 해도 과언이 아니다.

참고로 하이브리드 카가 아니더라도 아이들링 스톱 시스템을 갖춘 승용차가 등장하고 있음은 앞서 언급한 바와 같다.

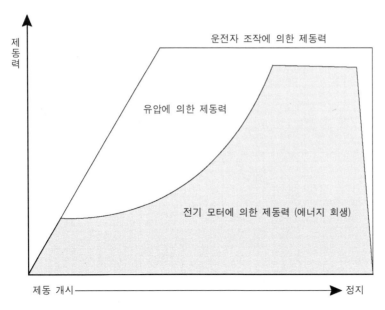

회생 브레이크 시스템. 엔진 브레이크 뿐만 아니라 브레이크 페달 조작에 의한 제동에서도 회생 브레이크가 우선적으로 작동하면서 유압 브레이크가 제동력을 보완하도록 제어한다.

■ 하이브리드 카는 내연 엔진과 연료 전지의 연결고리인가?

차세대 자동차로서 연료전지차가 유력시 되고 있다. 수소와 산소를 결합시켜 분해하는 과정에서 발생하는 전기로 모터를 구동하는 것이다. 발전장치를 갖춘 전기 자동차이다.

연료전지차 개발은 1990년대에 들어서면서 본격화되어 당시 최첨단을 달리던 다임러 크라이슬러는 2010년에는 실용화 단계에 들어설 것이라는 전망을 내놓고 있었다. 그러나 그 후의 개발은 예상보다 늦고 있다. 2002년말 도요타와 혼다가 리스판매를 통해 실험적으로 개시했다고는 해도 실용화되기까지는 해결해야할 기술적 문제가 산적해 있다. 그래서 하이브리드 카는 연료전지차가 실용화될 때까지의 바통 역할을 하는 것이라는 의견이 설득력을 띄게 되었다.

1998년에 다임러 크라이슬러가 발표한 예측에 의하면 하이브리드 카는 2003년부터 본격적인 실용단계에 들어서서 10년 정도 사용되다가, 그 후에는 연료전지차가 뒤를 이을 것이라고 했다. 그러나 연료전지차의 실용화는 크게 늦을 것으로 보인다. 개중에는 일반 가정용, 또는 새로운 방식의 휴대용 발전 장치로서의 가능성은 인정하면서도, 자동차용 동력으로 실용화된다는 점에 대해서는 비관적인 견해를 보이는 사람도 있다.

적어도 2010년 단계에서는 지금의 하이브리드 카 정도의 보급률도 기대하기 힘들지 모른다. 실제로는 아무리 빨라도 2020년, 혹은 2030년이라는 전망이 지배적인 경향이다. 그러나 기술적인 혁신에 관해서는 무슨 일이 일어날지 아무도 모른다. 예상보다 빨라질 수도, 혹은 반대로 크게 늦어질 수도 있다.

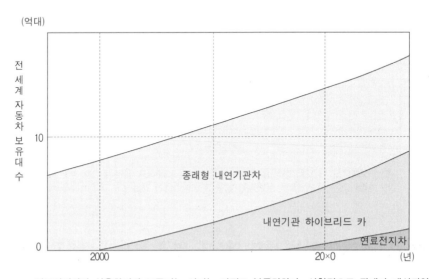

연료전지차가 실용화되어 보급되는 시기는 아직도 불투명하다. 시험적으로 판매가 개시되었다고는 해도 전망이 밝지만은 않다. 이 그래프는 도요타가 예측한 것으로서 아직 당분간은 가솔린 엔진이 주류를 이루며, 서서히 하이브리드 카 비율이 증가하지만, 연료전지차가 실용화되더라도 하이브리드 카를 대체하려면 상당한 시간이 걸릴 것으로 보인다.

아무튼 하이브리드 카는 단순한 연결고리 이상의 중요한 시스템으로서 기대가 크다. 엔진과 모터를 사용하는 하이브리드 카는 가장 효율성이 좋은 최첨단 기술을 구사한 엔진을 사용해서 연비 향상에 공헌할 수 있으며, 전기 관계 기술의 혁신을 꾀함으로서 그 성능을 유감없이 발휘할 수 있는 것이다.

5-2 하이브리드 카의 분류

하이브리드 카라고 하면 가솔린 엔진과 전기 모터를 조합한 것이라는 이미지가 지배적인데, 도요타 프리우스, 혼다 시빅 등 지금까지 시판된 하이브리드 카가 그랬으니 그렇게 받아들이는 것도 당연한 일이다. 그러나 가솔린 엔진 대신에 가스터빈이나 디젤 엔진, 더 넓게는 디젤 엔진과 가솔린 엔진의 조합, 또는 특수용도를 위해 공랭 엔진과 수랭 엔진 두 가지를 탑재하고 있는 하이브리드 카도 당연히 있을 수 있다. 특히 도요타는 연료전지차 (FCV : Fuel Cell Vehicle)에도 모터 뿐만 아니라 발전기까지 별도로 갖추게 하고 이것을 HVFCV라고 따로 부른다.

여기서 설명할 하이브리드 카는 앞으로의 자동차 동력의 주류를 이룰 가능성이 큰 것들로서, 그런 관점으로 분류해 보기로 한다.

1970년에 만들어진 도요타의 가스터빈 하이브리드카. 이것은 새로운 동력으로서 개발된 소형 가스터빈을 자동차에 사용하기 위해서는 발전기로 활용할 수밖에 없다는 결론에 달해, 시리즈 방식에 의한 하이브리드 카가 만들어진 것이다. 이 시대부터 하이브리드 카는 이미 개발 연구가 이루어지고 있었던 것이다.

■ 탑재한 엔진으로 분류

내연기관과 모터로 조합된 하이브리드 기관에 대해 생각할 경우, 엔진의 종류로 분류할 수 있다. 가스터빈을 동력으로 하는 하이브리드 카도 존재하지만, 장래적으로 사용될 엔진의 대부분은 가솔린 엔진이나 디젤 엔진이 될 가능성이 크므로 여기서는 이 두 가지에 대해 알아보도록 한다.

● 디젤 엔진을 탑재하는 하이브리드

연비 향상이 가장 중요한 항목이라는 관점에서 본다면 가솔린 엔진보다는 경제성이 우수한 디젤 엔진이 하이브리드용으로 더 적합하다고 할 수 있다. 현재 디젤 엔진이 사용되는 하이브리드 카는 버스나 트럭 등 대형차가 대부분이다. 애당초 이들 차량은 경제성을 고려해서 디젤 엔진을 채용하고 있기 때문에, 하이브리드화 시킴으로서 연비 성능을 더욱 향상시키려는 것이 목적이다.

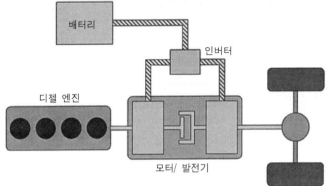

디젤 엔진을 사용한 히노의 대형 트럭용 하이브리드 시스템

디젤 엔진은 가솔린 엔진과 비교했을 때에 배기가스 문제가 있지만, 하이브리드 구조를 채용하면 엔진 회전수를 일정 범위 내로 한정시킬 수 있기 때문에 디젤 엔

진 하나로만 달리는 자동차에 비해 배기 성능이 향상된다. 또 회전 영역을 일정 범위로 한정시켜서 거기에 맞는 세팅을 실시하면 연비도 향상된다.

이렇게 본다면 승용차용으로서의 가능성도 있다고 할 수 있다. 승용차로서는 1990년대 전반에 폭스바겐이 보쉬와의 공동개발로 디젤 하이브리드 카를 만들었다. 이 하이브리드 카는 엔진으로 발전해서 배터리를 충전하는 것이 아니라, 가정용 전원으로 충전하는 방식이었다. 전기 자동차로도 디젤 자동차로도 사용이 가능한 하이브리드 카이다. 시내 주행에서는 전지 자동차가 되어 배기가스를 없애고, 장거리 주행에서는 트렁크에 실린 배터리를 떼어 놓고 화물 적재 공간으로 활용하는 구조이다. 엔진은 1600cc 60마력. 그러나 배터리가 너무 비싸서 실험 단계로 끝났다.

● **가솔린 엔진을 탑재하는 하이브리드**

프리우스를 비롯한 승용차용 하이브리드 시스템은 모두 예외 없이 가솔린 엔진을 싣고 있다. 승용차용 엔진의 주류가 가솔린 엔진이라는 것과 마찬가지 이유이며, 가솔린 엔진의 특성을 활용한 것이기 때문이다.

현 단계에서는 하이브리드 카는 프리우스 등 일부 차종을 제외하면 양산하기가 매우 힘든 것이 현실이라서, 기존의 가솔린 엔진, 또는 그것을 일부를 개량한 엔진이 사용된다. 제작비가 덜 들고, 문제점도 적기 때문이다. 따라서 하이브리드 카 전용으로 엔진이 개발되고 나서부터 비로소 하이브리드 카가 일반적인 존재가 되었다고 해도 될 것이다.

■ 시리즈 하이브리드와 패럴렐 하이브리드

모터의 사용법으로 분류할 수도 있다. 엔진은 발전용으로만 쓰이고 구동에는 모터만 사용하는 것이 시리즈 하이브리드 방식이다. 엔진으로 발전한 에너지를 배터리에 저장해 놓고, 그 전기로 모터를 구동하는 방식으로서 동력이 사용되는 순서가 직렬 방식이라 이런 이름이 붙었다.

이에 비해 모터와 엔진 두 가지가 구동에 사용되는 것이 패럴렐 하이브리드 방식이다. 엔진과 모터의 두 개의 동력이 나란히 배열되어 있어서 이렇게 불린다. 이 두가지 방식을 모두 사용할 수 있는 프리우스가 등장함으로서 시리즈 패럴렐 방식도 나오게 되었다.

● 시리즈 하이브리드의 특징

이 방식은 배터리로 움직이는 전기자동차에 발전용 엔진을 싣고 있는 형태라고 보면 된다. 가정용 전기를 충전하는 전기자동차는 주행 거리를 늘리려고 하면 배터리 용량도 키워야하지만, 시리즈 하이브리드 방식에서는 저장해 두어야 할 전기의 에너지 양이 적어도 되므로, 그 만큼 배터리를 작은 것을 실을 수 있어서 제작비나 효율성에서 유리해진다. 배터리를 소형화하면 모터를 구동할 수 있는 동력이 작아지지만, 이런 단점에 대처하기 위한 방법이다.

다만 엔진에서 발생한 전기를 모두 배터리에 저장한 다음에 다시 배터리에서 전기를 꺼내서 모터를 구동하면 효율성이 떨어진다. 엔진에서 나온 전기를 그대로 직접 모터 구동에 사용하는 편이 효율이 좋다. 그러나 언덕길이나 급가속 등 커다란 구동력을 필요로 할 경우에는 엔진에서 발전되는 전기만으로는 부족하므로, 배터리에 어느 정도 에너지를 저장해 두어야 한다.

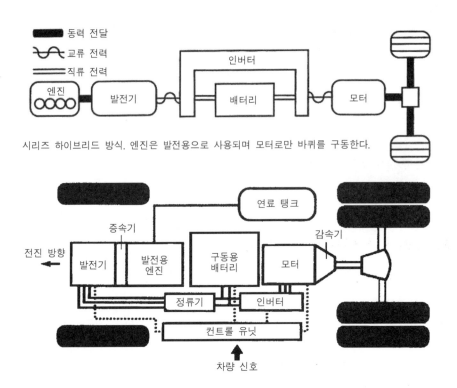

시리즈 하이브리드 방식. 엔진은 발전용으로 사용되며 모터로만 바퀴를 구동한다.

도요타 코스터의 시리즈 하이브리드 시스템 개념도

이 방식은 모터의 구동력에 전적으로 의존하기 때문에 모터가 상당히 크고 그에 따라 배터리 용량도 클 수밖에 없다. 그러나 엔진은 발전 장치로만 사용하게 되므로 출력이 크지 않은 엔진을 일정 회전수로 돌려서 발전시키게 된다. 엔진 회전 범위를 한정시켜 운전한다면 엔진 효율을 최대한으로 이끌어 낼 수 있다. 시리즈 하이브리드 방식은 이런 식으로 엔진을 활용하므로 연비가 좋고 배기성능도 우수하다.

이러한 특성을 고려해 보면, 연속 고속 주행을 그다지 필요로 하지 않는 대형 버스나 트럭 등에 적합한 시스템이라고 할 수 있다. 그래서 일본에서 실용화된 대형 버스나 트럭 하이브리드 카는 시리즈 하이브리드 방식이 많다. 특히 출발 정지를 많이 되풀이하는 시내 주행이 적합하다.

시리즈 하이브리드 카에 사용되는 엔진은 가솔린 엔진보다는 열효율이 높은 디젤 엔진이 많다. 실험용 자동차 등의 경우는 천연가스를 연료로 하는 엔진이나 가스터빈이 사용되는 예가 있다.

● 패럴렐 하이브리드 방식의 특징

엔진과 모터 두 가지 동력이 바퀴를 구동하는 방식이다.

패럴렐 방식에는 같은 바퀴를 엔진과 모터가 구동하는 방식과 프런트는 엔진, 리어는 모터가 구동하는 방식 등이 있다. 전자는 혼다 인사이트나 시빅, 1999년에 히노가 개발한 HIMR 등이 있고, 후자는 아우디가 시험 제작한 아우디 듀오가 있다. 아우디의 경우는 전륜을 엔진이 구동하고, 리어는 모터가 구동하는 사륜 구동차인데, 전륜 구동은 엔진으로만 이루어지는 FF 방식이다.

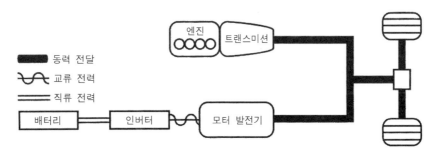

패럴렐 하이브리드 방식. 모터와 엔진 두 가지 동력으로 바퀴를 구동한다.

같은 사륜 구동 방식인 에스티마나 알파드의 하이브리드는 전륜까지 모터가 구동하는 방식이다. 이것도 엔진과 모터 둘 다 구동에 사용하므로 패럴렐 방식의 하나이다

● 시리즈-패럴렐 하이브리드 방식

시리즈 방식과 패럴렐 방식의 장점만을 따와서 조합한 것이 프리우스에 채용된 새로운 방식의 하이브리드 카이다. 모터 또는 엔진만으로 구동하는 경우와 엔진과 모터 양쪽으로 구동하는 경우를 모두 갖춘 복잡한 시스템인데, 시리즈와 패럴렐 양쪽을 조합했다고 해서 컴바인 하이브리드Combine Hybride라고 불리기도 한다.

위의 패럴렐 방식과는 달리 연비 개선율이 큰 방식이다. 연비 개선을 위해 개발이 진행된 결과라고 해도 좋다. 이 시스템에 걸맞은 엔진을 전용으로 개발하는 등 엔진과 모터의 우수한 특성만을 효과적으로 활용하는 시스템으로 만들 수 있다.

이 방식은 에너지 효율을 최대한으로 발휘시킬 수 있으며, 그러기 위해 시리즈 방식이나 패럴렐 방식 이상의 고도의 전자제어 기술이 필요하다. 그 기술의 활용 여하에 따라 앞으로의 커다란 가능성을 기대할 수 있다. 출력 성능이나 연비 성능 면에서 현재의 것보다 한층 우수한 시스템의 하이브리드 카가 장래적으로 개발될 가능성이 있다는 점에서는 가장 진화된 형태의 하이브리드 카라고 할 수 있다.

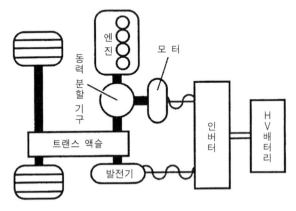

시리즈 패럴렐 하이브리드 방식. 모터만에 의한 시리즈 하이브리드 방식 구동도 가능하고, 엔진과 모터 양쪽이 구동하는 패럴렐 방식도 가능하다. 프리우스에 채용되었다.

■ 모터 출력 특성에 의한 분류

패럴렐 하이브리드나 컴바인 하이브리드의 경우, 엔진과 모터 모두 구동력을 담당한다. 각각의 동력이 담당하는 비율은 주행 상태 등에 따라 다르지만, 전체로 봤을 때에는 그 비율에 차이가 난다.

엄밀하게 구분하긴 힘들지만 엔진을 주 동력으로 모터가 그것을 보조하는 방식과, 모터가 엔진과 함께 중요한 동력으로 작동하는 방식의 두 가지로 나뉜다. 혼다 시빅 하이브리드와 인사이트가 전자에 해당되고, 도요타 프리우스가 채용하는 THS나 THS-C 등이 후자이다. 후자는 절반 전기자동차라서 엔진과 모터의 구동력이 50대 50에 가깝다. 전자의 모터 어시스트 방식은 엔진이 구동력의 대부분을 담당한다.

● 모터 어시스트 방식

출력이 작은 모터를 사용하므로 그만큼 하이브리드 시스템이 전체적으로 컴팩트해진다. 혼다의 하이브리드 시스템을 보면 모터가 엔진의 크랭크 샤프트와 동축에 배치되어 있어서 공간적 제약을 줄이고 있다. 두터운 플라이휠Flywheel 같은 감각이다.

토크가 부족한 저회전역에서는 모터로 파워를 보완하고, 고속 주행에서도 엔진 파워가 부족할 경우에는 모터가 보완하도록 되어 있다. 이처럼 필요할 때마다 모터를 작동시킴으로서 연비와 배기성능을 올릴 수 있다.

주행의 주체는 엔진이다. 따라서 기존의 엔진 시스템을 그대로 응용해서 하이브리드 시스템으로 바꾸기가 편하고, 하이브리드 카치고는 제작비가 비싸지 않은 편이다.

혼다 IMA방식 하이브리드는 모터로 엔진의 구동력을 보완하는 타입이다. 모터(사진 앞쪽에 보이는 것)의 출력은 그다지 크지 않다.

• 엔진과 모터 양쪽으로 구동하는 방식

구동력을 모터가 분담하는 비율이 커질수록 엔진의 부담이 그만큼 줄어든다는 뜻이므로 연비가 향상된다. 그러나 자동차로서 과부족 없는 주행 상태를 어떠한 상황 하에서도 연출하기 위해서는 전체적인 파워를 일정치 이상으로 확보하지 않으면 안 된다. 그런 점에서 볼 때에 하이브리드 시스템을 대표하는 것이 이 방식인데, 모델 체인지된 프리우스의 예처럼 모터 주행 모드를 설정하는 등 하이브리드 시스템을 활용하는 폭이 넓어지는 요소를 지니고 있다. 시스템으로서의 효율 추구에서도 기술적으로 진화할 가능성이 가장 높다. 다만 그래서 제작비가 상승하는 요인이 되기도 한다.

■ 하이브리드가 아닌(?) 마일드 하이브리드

스트롱 하이브리드란 명칭은 지금껏 없지만 마일드 하이브리드라는 방식이 등장한 지금은 본격적인 하이브리드 시스템을 가리키는 단어로서 편의적으로 사용해도 될 듯하다. 도요타가 36볼트 납전지를 사용해서 발진 시에 모터를 구동하고, 회생 브레이크와 아이들링 스톱 기능을 채용해서 연비 향상을 꾀한 마일드 하이브리드 카를 등장시킨 것이다.

마일드 하이브리드는 모터가 담당하는 일이 일반적인 하이브리드 카보다 극히 작다. 따라서 모터와 배터리 등을 작게 만들어서 제작비를 줄일 수 있는 장점이 있다. 이렇게 본다면 닛산 마치와 큐브에 채용되어 있는 e-4WD도 하이브리드 시스템 범주에 넣어도 지장 없다는 말이 된다. 별도의 발전 장치를 갖추지 않더라도 종래의 엔진을 이용해서 배터리를 충전해 두었다가, 이 전기로 모터를 구동해서 4WD로 하는 것이다. 빙판이나 눈길처럼 저속에서 4WD 주행을 하는 경우에는 전후 구동력이 거의 50대 50이 된다고 하니, 포장도로에서의 4WD 성능을 따지지 않는다면 훌륭하게 제 역할을 하는 것이다.

그러나 배기 성능이나 연비 성능 향상에 있어서의 하이브리드 시스템 효과는 거의 없다. 닛산도 이 시스템을 탑재한 차량을 하이브리드 카라고 부르지는 않는다. 넓은 의미로는 하이브리드 카의 일종에 속하지만, 이 책에서 취급하는 미래 지향적 시스템으로서의 하이브리드 카라기 보다는, 주목할 가치가 있는 기술이 적용된 가솔린 엔진의 효율을 추구하는 하나의 형태라고 보는 편이 타당하겠다.

크라운 마일드 하이브리드의 엔진 룸.
36볼트 배터리 이외의 시스템이 이 안에 수납되어 있다.

5-3 일본에서의 하이브리드 카 개발 경과

하이브리드 카는 세계 최초로 도요타가 1997년 12월에 시판을 개시함으로서 일본이 이 분야의 자동차 기술로 세계 최첨단임을 강하게 어필했다.

2003년 8월에 프리우스가 모델 체인지와 더불어 크게 진화한 형태로 등장했다. 도요타가 세계 최초의 하이브리드 카를 선보인지 6년째 되는 해로서 기술적으로 더더욱 앞서 나아가게 되었다.

혼다가 도요타에 이어 하이브리드 카를 발표한 것이 1999년 10월인데, 이것도 프리우스의 등장이 자극제로 작용했기 때문이다. 이미 도요타는 15만 대 이상의 하이브리드 카를 2003년 7월 현재까지 일본과 미국, 유럽에 판매하고 있다. 2세대 프리우스는 지금까지 제시된 소비자의 의견이 크게 반영된 모델이다.

■ 획기적이었던 프리우스 판매

1997년 당시 시험적 판매가 아닌, 양상차로서의 하이브리드 카를 판매한다는 것은 업계의 일반적인 예상을 완전히 뒤집는 일이었다.

1990년대 후반에 이르러 선진국 사이에서는 안전과 환경 문제에 대한 관심이 과거 어느 때보다 높은 수준까지 높아졌다. 지구 환경 악화가 이미 눈 가리고 아웅 하는 식으로는 넘어갈 수 없는 단계까지 왔다는 인식이 일반화되었다. 이러한 시대적 배경이 프리우스의 등장을 촉진했다.

니켈 수소 배터리

1NZ-FXE 1.5리터 엔진

인버터

동력 분할 기구
(THS용 트랜스미션)

초대 프리우스의 하이브리드 시스템 배치. 마이너 체인지로 배터리 소형화가 이루어졌다.

1997년 12월에 등장한 초대 프리우스

연비 성능에 대한 요구도 점차 커졌다. 원래부터 소형차 개발에서 전통적 우위를 지켜왔던 일본의 제조사는 석유의 대부분을 수입에 의존하는 현실 속에서 연비 좋은 자동차를 만드는 데에 열심이었다.

도요타는 일본 최고의 판매고를 자랑하며 그 이익도 일본 최고이다. 기술 개발을 위한 자금과 인재가 풍부하고, 장래를 위해서는 모든 가능성을 포기하지 않고 전방위 적으로 기술 개발을 추진하고 있다. 거품 경제의 붕괴 후, 이익의 폭이 격감한 제조사는 개발 예산이 삭감되어 실용화 여부가 불투명한 장래 기술에 대한 개발이 중단되는 경우가 많았지만 도요타는 달랐다.

미국 횡단 캠페인을 마치고 골인한 프리우스

프리우스 판매에 앞서서 도요타는 시리즈 방식 하이브리드 소형 버스인 코스터의 완성을 끝내고 있었다. 하이브리드 코스터의 판매는 프리우스보다 4개월 빨랐지만, 그 가격은 순정 사양 코스터의 400만엔에 비해 무려 3배 수준으로 비쌌다. 정부 보조금을 얻더라도 지출이 2배 이상이었다. 배기 성능 등을 특별히 고려하는 공공기관 등 특별 소비자를 대상으로 할 수밖에 없었다.

시리즈 방식 하이브리드 코스터는 배터리와 모터가 대형화되어 제작비가 크게 올라서 하이브리드 카 보급에는 기여하지 못했다. 판매대수 연간 10대 내외로 현재까지 이르고 있다.

프리우스도 개발이 일단락되어 실용화 가능성이 보인 시점에서는 니켈 수소 배터리를 비롯한 시스템 구축에 막대한 비용이 들기 때문에 판매는 훨씬 장래의 일이라고 여겨졌었다. 칼로라 수준의 가격으로 판매한다는 것은 불가능해 보였다.

그러나 도요타는 판매한다는 결단을 내렸다. 218만엔이라는 가격 설정은 동급 가솔린 자동차에 비해 50~60만엔 정도 비싼 것이다. 소비자 입장에서는 이것도 비싼 편이지만, 에너지 밀도가 높은 고가의 배터리를 장착하고 있는 점을 생각하면 예상을 한참 밑도는 저렴한 가격이었다. 양산으로 제작 단가를 흡수하려는 의도였으나 그래도 다른 경쟁 제조사가 깜짝 놀랄 정도로 쌌다. 프리우스의 등장은 여러 가지 의미로 충격을 주는 존재였다.

저공해차에 대한 보조금 제도로 세제 상의 공제가 있으므로 소비자는 가솔린 자동차보다 30만엔 정도 비싼 차를 사는 셈 치면 프리우스를 구입할 수 있었다. 지금까지 머나먼 존재로만 여겨지던 전기 자동차나 천연가스차 등의 클린 카와는 달리 일반 소비자들의 관심을 끌었다.

생산은 당초 월 2000대 계획으로 시작했으나, 얼마 지나지 않아 공급이 달리기 시작했다. 2년 후에는 미국과 유럽에도 수출되기 시작해서 생산 라인이 증설되었다.

프리우스의 등장은 시기적으로 매우 적절했다. 환경 문제에 대한 관심이 한창 커지고 있는 시기에 연비 좋고 배기 성능도 우수한 새로운 타입의 자동차로서 등장한 프리우스는 전 세계의 주목을 받았다. 환경을 배려한 자동차로 매스컴의 집중 취재 대상이 되었으며 도요타가 실시한 미국내 주행 캠페인도 크게 성공했다. 도요타는 환경을 생각하는 제조사로 호의적인 환영을 받았으며. 선진적 기술을 실용화시킬 수 있는 실력을 지닌 제조사로 이미지가 향상되었다.

■ 철저한 연비 성능 추구 ― 혼다 인사이트

세계에서 두 번째인 승용차 타입 하이브리드 카는 프리우스가 등장한 지 2년 후인 1999년에 발매된 혼다 인사이트이다. 프리우스가 4인승 세단이던 것에 비해 이것은 2인승 쿠페이다. 눈에 낯선 디자인이 상징하듯이 인사이트는 연비 추구를 최대 목표로 개발된 하이브리드 카이다. 차량 가격은 당시 210만엔으로 설정되었다.

하이브리드 시스템은 도요타의 그것과는 많이 달랐다. 혼다는 프리우스에 이은 하이브리드 카라는 것 말고도 가솔린 엔진을 탑재한 세계 최초의 3리터 카라는 명예를 차지하기 위해 개발했다.

3리터 카란 100km 주행하는 데에 연료 소비량이 3리터 이하의 자동차를 가리킨다. 이미 폭스바겐의 디젤 엔진 르포 TDI가 있었지만, 인사이트는 가솔린 엔진 자동차로서는 최초의 3리터 카이다. 참고로 프리우스는 10·15모드일 때에 연료 소비량이 리터당 28km였다.

인사이트는 차체에 알루미늄 합금을 사용해서 철저하게 경량화를 도모했고, 차체 크기도 작게 줄이고 공기 저항을 철저하게 낮추는 스타일링을 도입했다. 이 때문에 실내 공간이 많이 희생되었으며, 그래서 2인승 쿠페가 된 것이다.

혼다가 IMA라고 부르고 있는 하이브리드는 엔진을 모터가 보조하는 방식이다. 하이브리드는 니켈 수소 배터리나 모터 등을 탑재하기 때문에 가격이 상승한다. 혼다는 하이브리드 카를 시판할 수 있는 실력이 있음을 과시함과 동시에 연비 성능으로 우위를 점유할 계획이었다.

엔진은 연비 성능이 우수한 린 번 타입 직렬 3기통으로서 작고 가볍게 만들어졌다. 프리우스의 차체 중량이 1220kg인 데에 비해 인사이트는 860kg의 압도적인 경량이 특징이었다. 판매 가격 210만엔은 누가 봐도 프리우스를 의식한 내용이었지만, 판매대수가 연간 60대로 한정된 점이 크게 달랐다.

혼다 최초의 하이브리드 카 인사이트

■ 닛산 티노 한정 판매

프리우스의 등장이 하이브리드 카 개발에 불을 붙였다. 1999년 동경 모터쇼에는 각 제조사가 경쟁적으로 하이브리드 카를 전시했다. 닛산이 RV인 티노에 하이브리드 시스템을 탑재해서 출품했고, 미츠비시도 당시 승용차용으로 중심을 이루고 있던 직분 GDI 엔진과 모터를 조합한 하이브리드 시스템을 전시했다.

두 대 모두 시판은 상당히 늦어질 것으로 예상되었지만 2000년 초에 닛산은 100대 한정으로 인터넷 판매를 개시했고 제품은 일찌감치 매진되었다고 한다.

여기서는 티노의 하이브리드 시스템에 대해 알아보자.

패럴렐 방식 하이브리드의 직렬 4기통 1.8리터 QG 엔진을 탑재하고, 그 엔진을 사이에 두고 상류와 하류에 각각 한 대씩의 영구자석 교류동기 모터가 달려있다.

하나는 엔진의 시동과 발전을 담당하고, 또 하나는 구동과 감속 시의 발전을 담당한다. 구동하는 모터는 벨트식 무단변속기에 이어져 있다.

출발부터 저속까지는 엔진이 정지해 있고 모터만으로 주행하다가, 필요에 따라 엔진이 배터리 충전을 위해 작동한다. 엔진으로 달리는 편이 연비가 좋아지는 속도 이상으로 올라가면 엔진이 작동해서 구동한다. 감속할 때에는 회생 브레이크로 모터가 발전기 역할을 한다. 리튬 이온 배터리를 사용한다. 연비는 10 · 15모드에서 리터당 23km이다.

차량 가격은 315만엔으로 비교적 고가였지만 판매는 적자였다고 한다. 닛산은 실험 결과를 발표하고 하이브리드 기술을 보유하고 있음을 어필한 것으로 그쳤다. 한정 판매 이후의 발전은 특별히 없다.

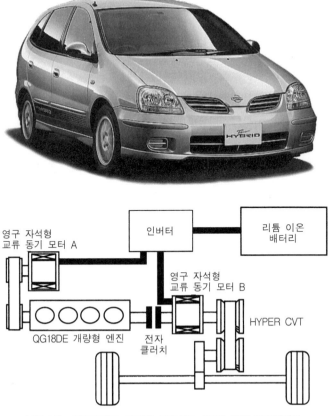

닛산 티노 하이브리드. 패럴렐 방식으로 100대 한정 판매되었다.

■ 혼다의 제 2 탄 — 시빅 하이브리드

프리우스가 호평을 받음으로서 그에 대항하는 혼다는 대중적인 하이브리드 카의 개발을 계속했다. 그 성과로서 2000년 12월에 등장한 것이 시빅 하이브리드이다. 인사이트에서 개발한 하이브리드 시스템을 토대로 개량이 가해졌다. 엔진의 구동력을 모터가 보조하는 방식은 똑같지만 엔진이 4기통이 되었다.

혼다는 시빅 하이브리드를 미국에서도 판매해서 도요타와 마찬가지로 환경을 배려하는 기술로는 최고 수준의 제조사임을 강조했다. 일본 국내에서의 판매가격은 209만엔으로 프리우스보다 약간 저렴한 설정이다. 연비는 리터당 29.5km로서 개량을 통해 연비가 좋아진 프리우스의 29km를 상회했지만 판매 대수는 그리 많지 않았다.

참고로 2002년 8월에 마이너 체인지된 프리우스는 연비 31.5km/리터가 되어 시빅 하이브리드를 웃돌게 되었다.

2001년 12월에 발매된 시빅 하이브리드

■ 도요타의 새로운 하이브리드 카가 등장하다

2001년이 되자 도요타는 6월에 에스티마 하이브리드, 8월에는 크라운 마일드 하이브리드를 연이어 발표했다. 이들은 프리우스와는 다른 시스템을 도입한 하이브리드 카였는데, 도요타는 종류의 다양화를 실현함으로서 업계 최고 제조사로서의 실력을 과시했다.

도요타를 대표하는 미니밴 에스티마는 그 높은 실용성으로 호평을 얻고 있는 인기 모델이다. 이번에 하이브리드 카를 라인업에 추가함으로서 더욱 세련된 자동차라는 이미지를 얻는 데에 성공했다. FF 베이스의 엔진과는 별도 계통으로 리어를 모터 구동함으로서 프로펠러 샤프트가 없는 4WD이다.

프리우스와는 다른 시스템의 에스티마 하이브리드

에스티마와 동일한 시스템을 도입한 알파드 하이브리드

모터를 구동에 사용하는 전기식 4WD 하이브리드 카의 발상은 이미 유럽 제조사가 만든 예가 있었지만 실용화에 성공한 것은 도요타가 최초이다.

무게가 무거워서 실용 연비가 나쁠 수밖에 없는 4WD 미니밴 분야에서 히이브리드 시스템을 채용한다는 것은 의미 있는 일이다. 동일한 시스템을 채용하는 알파드 하이브리드가 2003년에 발매되었다.

한편 크라운에 채용된 마일드 하이브리드는 모터가 차량을 구동한다기보다는 제동 시의 에너지 회수와 아이들링 스톱 기능으로 하이브리드 카에 가까운 이점을 추구하려는 방식이다. 통상적인 12볼트 배터리 외에도 모터 구동용 36볼트 배터리도 탑재하고 있지만, 값이 싼 납전지를 사용해서 제작 단가 상승을 최소화시키고 있다. 하이브리드 카라기보다는 당시에 실시되기 시작한 우대 세제에 적합한 자동차로 개량하는 방법으로서 하이브리드 기술을 활용한 것이라고 보는 편이 옳다.

■ 스즈키의 하이브리드 카

2003년에 스즈키의 경자동차 트윈에 하이브리드 카가 추가되었다. 2인승 경자동차로서도 아담한 체격인 트윈에 탑재된 이 시스템은 모터가 엔진을 어시스트하는 타입의 하이브리드 시스템이다. 제작비 상승을 억제하기 위해 납전지와 저출력 모터를 채용하고 있다.

경자동차 분야에서는 다이하츠가 1999년도 모터쇼에 하이브리드 밴을 참고 출품한 적이 있었는데, 다이하츠의 하이브리드 카는 도요타 에스티마용 프런트에 사용되었던 모터와 니켈 수소 배터리를 유용한 것이다. 지금도 개발이 이어지고 있지만 아직 판매 단계에는 도달해 있지 않다.

경자동차로서는 최초인 스즈키의 트윈 하이브리드

■ 모델 체인지되어 등장한 신형 프리우스

초대 프리우스가 발매된 지 5년 9개월이 지난 2003년 9월에 모델 테인지가 이루어진 신형 프리우스가 판매되었다. 하이브리드 시스템은 기존형의 것을 그대로 답습하되 전체적인 개량이 이루어졌다. 2년 전에도 마이너 체인지를 받아 개량되었으므로 두 번에 걸친 진화가 이루어진 셈이다.

2003년 7월에 등장한 2세대 프리우스

2세대 프리우스의 하이브리드 시스템은 기본은 동일하지만 내용은 크게 진화했다.

프리우스의 과제는 제작비 삭감, 동력 성능 향상, 시스템의 경량 소형화였다. 니켈 수소 배터리는 현재 대당 가격이 십수만엔까지 내려갔다고 한다. 1996년에 등장한 LAV4 전기자동차 때와 비교하면 배터리 가격이 10분의 1 수준으로 저렴해진 것이다. 다른 부품들의 단가도 조금씩 낮춰진 듯해서 모델 체인지가 이루어진 시점부터는 이익이 발생하게 되었다.

초대 프리우스는 카롤라의 미래형으로서 탄생했던 경위가 있고 크기는 빗츠와 프레미오의 중간 정도였다. 그러나 모델 체인지와 더불어 독립된 모델로서의 노선을 걷기 시작하면서 차체 크기도 한층 커졌다. 초대 모델은 미래지향성이 강하고, 크기는 아담하면서도 거주 공간을 크게 잡는 컨셉을 구현화 시키려는 디자인이었지만, 모델 체인지가 이루어지면서 공력을 고려한 디자인이 되면서 개발 컨셉이나 사상에 변화가 엿보인다.

하이브리드 시스템도 크게 진화했다. 모터와 발전기의 전원 전압을 올림으로서 크기는 그대로인 채로 모터 출력이 향상되었다. 고전압화로 제어 시스템을 개량해서 성능 향상과 경량 소형화도 이루어졌다. 엔진도 개량되었고 배터리 성능도 향상되었다.

시동/ 정지는 시동 모터를 돌리는 것이 아니라 단추를 누르도록 되어 있는 점이 신선하다. 하이브리드 시스템과의 직접적인 관계는 없지만, 차고에 주차할 때의 자동 조종 지원 시스템을 도입하는 등 다양한 편의 장비를 갖춤으로서 하이브리드 카가 새로운 시대에 어울리는 자동차임을 강조하고 있다. 차량 가격을 종래형과 거의 같은 수준으로 억제함으로서 하이브리드 카가 고가 제품이라는 이미지를 쇄신하고 있다.

연비는 10·15모드에서 리터당 35km라고 발표해서 당당하게 3리터 카임을 어필했다. 소형 자동차 클래스에서는 타사의 추종을 불허하는 양호한 수치이다.

이 시스템은 닛산을 비롯한 몇 개 제조사에 공급되었는데, 그만큼 자신감에 넘쳐 있는 도요타의 기술력을 나타내고 있다고 볼 수 있다.

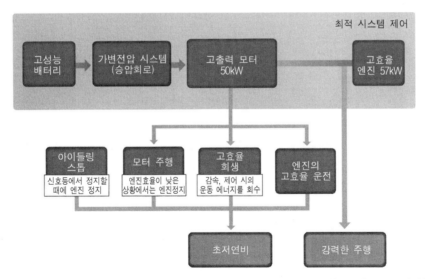

2세대 프리우스는 가변전압 시스템(승압회로)이 추가됨으로서 모터 출력이 향상되어 강력한 주행이 가능해졌다.

5-4 하이브리드 시스템을 구성하는 부품

하이브리드 시스템은 엔진과 모터를 비롯해서 이들을 구동력이나 발전에 사용하기 위한 부품들로 구성되어 있다. 배터리, 인버터, 에너지 회생 시스템, 제어 시스템, 아이들링 스톱 기능 등이 있다. 출력을 휠에 전달할 때에 조정하는 트랜스미션도 포함된다. 이것들은 각각의 하이브리드 시스템 방식에 따라 다소의 차이는 있지만, 여기서는 기본적인 사항을 중심으로 살펴보기로 한다.

■ 효율을 추구하는 엔진

연비 성능이 좋아야하는 것이 하이브리드 시스템의 중요한 항목이므로 엔진의 효율을 철저하게 추구하는 것이 선택된다.

시리즈 하이브리드의 경우는 엔진이 발전기 역할을 하므로 가장 효율이 우수한 회전 범위에서 운전이 이루어지는 성질, 즉 범용 발전용 엔진과 똑같은 성질이 된다. 자동차에 사용되는 일반적인 엔진과는 달리 폭넓은 회전역이나 토크 특성 따위는 필요 없다.

현재의 승용차용 하이브리드 시스템 엔진은 구동력으로 사용되는 타입이 많다. 일반적인 자동차가 갖추고 있는 성능을 어느 정도 갖추고 있어야 한다. 그 범위에서 모터가 보조할 것을 고려해서 경제성이 좋은 엔진으로 만드는 것이다.

도요타 프리우스에 채용되어 있는 THS 및 THS-II와 에스티마와 알파드의 THS-C 등은 엔진의 배기량만 다를 뿐, 모두 애트킨슨 사이클 엔진이라는 점이 특징이다. 이것은 기본적으로는 보통 4스트로크 가솔린 엔진과 똑같지만 고 팽창비 사이클 엔진이라 불리는 것들이다. 보통은 압축비와 팽창비가 똑같지만 애트킨슨 사이클에서는 압축비보다 팽창비를 크게 함으로서 효율 향상을 이룩하고 있다.

구체적으로는 피스톤이 하사점에 도달해도 흡기 밸브가 닫히지 않고, 압축행정에 들어가도 아직도 열린 상태를 유지한다. 밸브를 늦게 닫아서 엔진의 열효율을 올릴 수 있고, 연비도 좋아진다. 다만 피스톤이 상승해도 밸브가 닫히지 않기 때문에 그 사이에 흡기가 도로 빠져나가므로 실질적인 배기량이 작아진 것과 같게 되어 출력은 같은 배기량 엔진에 비해 작아진다. 연비를 우선시키기 위해 선택된 기구이다.

애트킨슨 사이클인 프리우스용 직렬 4기통 엔진

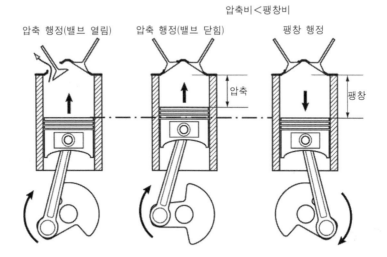

애트킨슨 사이클은 압축비와 팽창비가 다르다는 점이 특징이다.

과거에 마츠다가 채용한 미러 사이클 엔진도 같은 시스템의 엔진이다. 이 경우에
서는 출력 부족을 터보로 과급하고 있었다. 닛산 티노 하이브리드도 마찬가지 개량

이 가해져서 사용되었다.

혼다는 연비 효율이 우수한 2밸브 i-DSI 엔진을 베이스로 해서 린 번 기능을 갖춘 엔진으로 만들었다. 시빅 하이브리드는 직렬 4기통이면서도 베이스가 된 시빅이 1.5리터인 것에 비해, 1.3리터 핏트와 똑같은 엔진을 탑재하고 있다. 이에 따른 파워 부족을 모터 어시스트로 보완함으로서 연비를 향상시키고 있다.

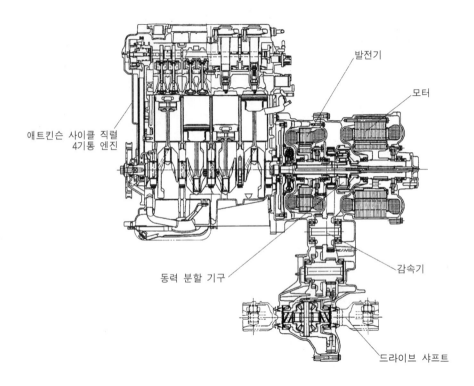

프리우스의 THS 엔진 및 모터 단면도. 엔진의 최고 출력을 억제하고 운동 부품 등은 경량화가 이루어져 있다.

■ 모터 / 모터 발전기

구동력을 발생하는 모터는 과거의 전기자동차용에서는 직류식도 사용되었지만, 하이브리드 카에서는 섬세한 제어가 가능한 교류식으로 바뀌었다. 현재는 프리우스 등에 사용되고 있는 영구자석 교류 동기형 모터가 주류이다. 직류 모터와 같은 브러쉬가 없고, 교환할 필요성이 없고 내구성과 효율이 뛰어나다.

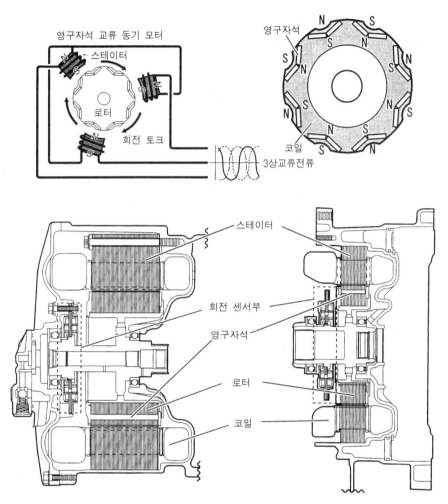

2세대 프리우스 THS-Ⅱ 시스템의 모터 발전기 단면도. 왼쪽이 모터, 오른쪽이
발전기(제너레이터)이다.

　영구 자석이 달려 있는 로터를 전자력으로 구동해서 회전시키는 방식이다. 이 로
터를 3상 교류를 사용해서 회전시키는 모터인데, 3상 교류의 주파수에 동기시켜
회전시킨다. 강력한 자석이 사용가능 해짐에 따라 더욱 소형화가 이루어지고 있다.
발생하는 토크는 전류의 크기에 거의 비례하며, 화전수는 교류 전류의 주파수로 제
어한다. DC 브러쉬리스 모터DC Blushless Motor라고도 불린다.

　모터의 출력을 향상시키려면 전류와 전압을 올려야 하는데, 전압을 올리면 그만
큼 전류를 낮춰도 출력은 똑같다. 전압을 올리면 모터 코일을 가늘게 할 수 있기 때

문에 출력을 향상시키려면 가늘게 한 만큼 많이 감으면 같은 크기로도 가능해진다. 고전압으로 하면 가는 코일을 쓸 수 있으므로 경량 소형이 된다.

프리우스 THS용 모터

많은 하이브리드 카는 발전을 주로 하는 모터 발전기와 구동력을 담당하는 모터 (발전기 역할도 한다)의 두 개를 갖추고 있다.

■ 배터리 — 핵심 부품이자 어려운 과제

하이브리드 시스템에 사용되는 배터리는 충전이 가능한 2차 배터리가 쓰인다. 전기 자동차의 경우와 마찬가지로 용량과 제작비가 문제가 된다. 납전지보다 에너지 밀도가 높은 니켈 수소 배터리나 리튬 이온 배터리가 주로 사용되는데, 각각 장점과 단점이 있다. 그 밖에도 캐퍼시터capacitor라고 불리는 전기 에너지 축전 장치도 사용을 검토할 가능성이 있다.

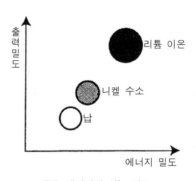

주요 배터리의 성능 비교

하이브리드 카의 동력원이 되려면 상당한 전압이나 전력이 필요하기 때문에 1전압 단위의 셀Cell을 수십 개 모듈화Module한 상태에서 자동차에 탑재된다. 다만, 오디오나 에어컨, 카 내비게이션, 그 밖의 램프 류 등을 위한 필요한 전력으로 일반 12볼트 납전지가 별도로 탑재되는 경우도 있다.

일반차에서 사용되는 배터리는 배터리로서의 고성능보다는 가격적인 부담이 적을 것이 중요시되어 납전지의 내구성에 따른 교환 빈도도 현재의 수준으로 충분히 대응할 수 있다.

이에 반해 하이브리드 카의 2차 배터리는 높은 전압이 필요하고, 충전, 방전을 반복함에 따른 수명 단축도 최소화되어 있어야 한다. 여기에 높은 전압을 얻기 위해 탑재한 배터리 자체의 무게도 가능한 한 가벼워야 한다.

자동차에 쓰이는 배터리는 납전지도 포함해서 자동차 제조사가 만드는 것이 아니라, 배터리 제조사가 만든 것을 사용한다.

● **납전지**

자동차용 배터리로 널리 쓰이는 방식. 에너지 밀도가 그다지 높지 않고 용량이나 중량이 크다. 하이브리드 시스템에서는 출력이 크지 않은 모터를 탑재하는 마일드 하이브리드에 사용된다. 다만 제작단가로서는 유리하다.

납전지는 양극 활물질로 이산화연을 사용하고 음극에는 납을 사용한다. 전해질로는 유산을 사용한다. 기전력은 약 2.1볼트이고, 일반 자동차용 배터리로는 이 셀을 여섯 개 합친 12볼트로 만든 것을 사용한다.

일반 자동차용 배터리는 화학반응 시에 발생하는 가스가 빠지도록 구멍이 뚫린 타입이 많지만, 하이브리드 카에 사용할 경우는 배터리 탑재 공간에 충분한 통풍이 힘들기 때문에 가스가 외부로 발생하지 못하도록 밀폐 타입 배터리를 사용한다. 납전지 중에는 앤티몬 함유량이 낮은 납 합금 양극판을 사용함으로서 충전 중의 가스 발생이나 수분 감소를 억제하는 메인터넌스 프리 배터리 Maintenance Free Battery도 있다.

하이브리드 카의 2차 배터리로는 수분 감소를 크게 억제할 수 있는 납 칼슘 합금 배터리를 사용한다. 이 칼슘 타입 배터리는 자기방전이 적다는 특징이 있어서 실질적인 수명이 길어지는 경향도 갖추고 있다.

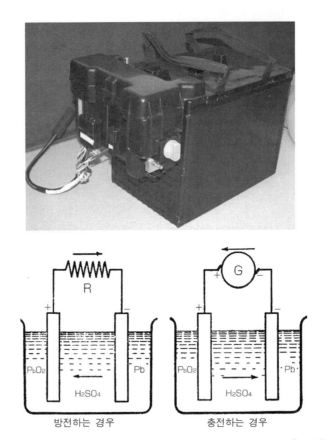

위는 36볼트 마일드 하이브리드에 사용되는 납 전지. 아래 그림은 이 배터리가 충방전할 때의 이미지 그림이다.

칼슘 타입 배터리Calcium-Type Battery는 일반적인 납전지보다 미묘한 전압 컨트롤에 의한 충전이 필요하다. 과충전은 엄금이지만 하이브리드 카의 경우에는 기본적으로 높은 정밀도의 전압 컨트롤 기능을 갖추고 있기 때문에 별 문제 없다.

● 니켈 수소 배터리

니켈 카드늄 배터리의 카드늄을 수소로 변경한 것으로서, 수소는 수소 흡장합금으로 음극에 사용하고, 양극에는 옥시수산화니켈, 전극액은 알칼리 수용액이 사용된다. 니켈 수소 배터리의 1셀 단위당 전압은 니카드 배터리와 동일한 1.2볼트를 발생하지만, 에너지 밀도와 출력 밀도가 높고 내구성이 우수하다는 장점이 있다.

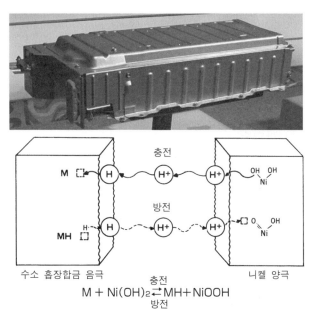

충전

방전

수소 흡장합금 음극   충전   니켈 양극

$$M + Ni(OH)_2 \underset{\text{방전}}{\overset{\text{충전}}{\rightleftarrows}} MH + NiOOH$$

프리우스 THS-Ⅱ의 니켈 수소 배터리(위)와 동 배터리의 충방전 시스템을 나타낸 그림

1996년 12월에 도요타와 마츠시타가 공동으로 설립한 '파나소닉 EV 에너지'에서는 전기자동차용 배터리로 니켈 수소 배터리를 제조하고 있다. 이 배터리는 1회 충전으로 200km 이상을 달릴 수 있고 충방전 반복이 1000회 이상 가능한 성능을 갖추고 있다. 하이브리드용 니켈 수소 배터리는 이것을 기초로 하고 있다. 원통형 모듈과 각형 모듈 두 타입이 있으며, 출력 밀도나 에너지 밀도에 약간의 차이가 있다.

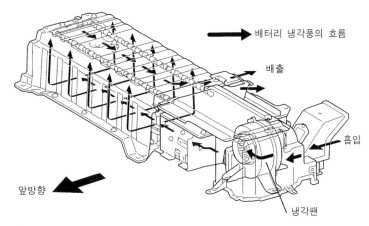

배터리 냉각풍의 흐름

배출

흡입

냉각팬

앞방향

알파드에 탑재되어 있는 니켈 수소 배터리. 배터리는 열을 띄므로 팬으로 냉각한다.

또, 산요전기는 미국의 포드가 개발 중인 에스케이프 HEV에 하이브리드 카용 니켈 수소 배터리를 독점 공급한다고 2001년 1월에 발표했다. 도요타가 하이브리드 카용으로 니켈 수소 배터리를 사용하는 것은 한랭지에서의 사용을 고려하고 있기 때문이라고 한다.

● 리튬 이온 배터리

양극에 리튬 금속 산화물, 음극에 탄소질 재료, 전해액은 리튬염을 녹인 재료를 사용한다. 충방전에 따라 리튬 이온이 양극과 음극 사이를 이동한다.

발생 전압은 3.6~3.8볼트 정도이고 에너지 밀도가 높아서 소형 경량화가 가능하다. 또 메모리 효과가 발생하지 않기 때문에 수시로 충전이 가능하다. 자기방전이 작고 작동 범위도 섭씨 영하 20도~영상 60도로 넓다. 빗츠의 아이들링 스톱 시스템용 배터리로도 채용되었고, 장래적으로는 하이브리드 카를 포함한 대부분의 자동차에 채용될 가능성이 크다.

2002년에 후지 중공업과 NEC가 공동으로 자동차용 리튬 이론 배터리를 개발할 목적으로 'NEC 라밀리온 에너지'를 설립했다. 이 회사는 NEC가 개발한 라미네이트형 망간계 리튬 전지 셀 기술과, 후지 중공업이 축적해 놓은 자동차용 배터리 기술을 융합시켜서 본격적인 자동차용 배터리 산업에 뛰어들고 있다.

배터리는 셀을 직렬로 접속한 상태에서 충방전을 되풀이하면 셀 사이의 전압이 불균등해지는 상황이 발생한다. 후지 중공업은 이 불균등 전압을 높은 정밀도로 수습해서 해소하는 배터리 밸런스 컨트롤 기술을 보유하고 있고, 또한 전지 진단 회로의 기본 기술도 축적해 놓고 있다. 이것을 NEC의 전지 셀 기술과 연계하면 자동차용 배터리에 요구되는 성능을 만족시키는 장수명 소형 배터리 생산이 가능해진다. 하이브리드 카용만이 아니라 일반 자동차의 시동 모터나 전기 장비 구동용으로도 사용할 수 있다.

리튬 이온 배터리로 실적이 있는 닛산에서는 높은 출력 특성을 실현함과 동시에 종래의 원통형을 대신하는 라미네이트형 셀을 개발했다. 이로서 배터리 용량을 줄일 수 있게 되었고, 지금까지의 과제였던 셀의 밀폐성도 해결함으로서 내구성과 안전성을 확보했다고 한다. 박형 구조로 만들 수 있어서 플로어에 납작하게 깔 수 있게 되었고, 차량 설계 자유도가 크게 향상되었다. 하이브리드용이나 연료전지용으로 널리 사용될 것 같다.

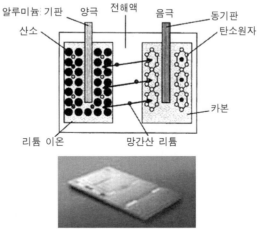

리튬 이온 배터리. 아래는 닛산이 개발한 라미네이트형 박형 구조 배터리.

● 니카드 배터리

양극에 니켈계 물질, 음극에 카드뮴계 물질, 전해액에 알칼리 전해액을 사용한다. 셀 전압은 1.2볼트로서 납전지보다 낮지만 수명에 영향을 미치는 충방전 횟수는 2배나 된다. 그러나 현재 자동차에는 사용되고 있지 않다.

니켈 카드뮴 배터리는 납전지에 비해 유효 충방전 횟수가 많고 에너지 밀도도 높기 때문에, 한때에는 전기자동차용 배터리로 유력시된 적도 있었지만, 현재는 그보다 효율성이 높은 니켈 수소 배터리가 하이브리드용으로 더 많이 쓰인다.

● 캐퍼시터

배터리가 축전지蓄電池라면 캐퍼시터는 축전기蓄電器라고 표현할 수 있다. 전기 이중층 콘덴서를 말한다. 혼다는 하이브리드 시스템 개발 초기에 캐퍼시터를 사용했었다. 그러나 시판된 하이브리드 카에는 캐퍼시터가 아니라 니켈 수소 배터리를 채용했다.

캐퍼시터는 짧은 시간에 큰 전류를 축적, 방출할 수 있기 때문에 발진이나 가속을 매끄럽게 할 수 있다는 점이 장점이다. 시가지 주행에서 효율이 좋다. 그러나 고속 순항에서는 그 장점이 적어진다. 또한 내구성은 배터리보다 약하고 장기간 사용에는 문제가 남아있다. 제작비는 배터리보다 유리하지만 축전 용량이 크지 않기 때문에 모터를 구동하려면 출력에 한계가 있는 것으로 보인다.

혼다가 하이브리드 시스템용으로 검토했던 울트
라 캐퍼시터.

● 메모리 효과

하이브리드 카가 채용하는 배터리에는 메모리 효과가 있다고 한다. 메모리 효과
란 배터리가 완전 방전되지 않은 상태에서 충전을 되풀이함으로서 방전할 때의 전
압이 표준 상태보다 일시적으로 저하되는 현상을 가리킨다. 배터리의 수명도 짧아
진다.

메모리 효과가 발생하기 쉬운 것은 배터리 수명이 남아있는 상태에서 유사한 방
전상태 부근에서 충전을 반복할 때이다. 그러나 자동차용 배터리는 일정 전류를 계
속적으로 사용하는 가전제품과는 달리, 연속 가속할 때에 단숨에 방전하거나 일정
주행에서 일정하게 방전되는 상태 등 충방전 상태 변화가 크기 때문에 메모리 효과
에 관해서는 유리한 편이다. 또 충전 상태의 80% 부근과 40% 부근을 적절히 사
용하도록 제어함으로서 배터리 내구성을 확보하고 있다고 한다.

도요타는 지금까지의 개발과 시판 실적으로 현재는 자동차 수명 이상으로 배터
리 내구성에 문제는 없다고 표명하고 있다.

■ 인버터/ 컨버터

배터리의 충전 방전은 직류 전류로 이루어지지만, 구동용 모터나 발전기 등은 교
류를 사용한다. 그래서 필요에 따라 교류와 직류로 변환하는 역할을 하는 것이 인
버터이다. 엔진의 출력을 전기로, 배터리의 전력을 구동력으로 변환한다. 배터리와
모터 사이에 배치되어 배터리로부터의 전류를 모터용 교류로 바꿔서 모터를 구동하
고, 또는 모터가 발전기로 작동했을 때의 교류를 직류로 변환해서 배터리에 저장한
다. 하이브리드 시스템에서는 필수불가결한 파츠이다.

인버터는 열을 발생하므로 냉각이 중요하다. 도요타의 하이브리드 시스템에서는 엔진 냉각용 라디에이터의 냉각수를 별도의 경로로 받아들여서, 하이브리드 계 냉각수가 일정 이상이 되면 워터펌프를 구동해서 냉각수를 순환시킨다. 인버터 온도가 설정치 이상이 되면 엔진 컨트롤 유닛의 지령에 따라 냉각 팬이 작동한다.

컨버터는 점등 장치나 에어컨, 오디오 등의 전기 장치용 12볼트 전원으로 작동할 때에는 구동 배터리용으로 발전한 전기를 12볼트로 변환하거나, 12볼트 배터리에 축전하는 역할을 한다. 정확하게는 DC-DC 컨버터이다. 트랜지스터 브릿지 회로로 교류로 변환한 후, 트랜스로 전압을 낮추고 정류, 직류화해서 12볼트로 변환한다.

초대 프리우스의 인버터. 배터리와 모터 사이에 배치되어 교류 직류 변환을 실시한다.

컨버터는 연속적으로 80암페어의 고출력을 발생할 수 있으며, 최소 입력 전압이 140볼트까지 작동할 수 있는 성능을 갖추고 있다. 한랭지 사양차량에 표준 장착되어 있는 전기 히터 부하에 따라 출력 전류가 과대해지면, 에어컨의 컴퓨터에 신호를 보내 전기 히터를 일시 정지시켜 배터리 부담을 줄이는 기능도 있다.

12볼트 전기 장비용 배터리 출력 전압은 컨버터 제어 회로에 의해 감시되고 있어서 배터리 단자 전압이 언제나 일정하도록 제어되고 있다. 전기 장비용 배터리 전압은 엔진 회전수와는 관계없이 컨트롤되고 있으며, 엔진이 정지한 상태가 계속되더라도 배터리가 완전 방전될 우려가 없다.

컨버터가 달린 인버터로 인버터 부분과 컨버터 부분이 각각 별도 구성되어 있지만, 이것을 일체화시킨 것을 도요타는 파워 컨트롤 유닛이라고 부르고 있다.

파워 컨트롤 유닛

엔진

파워 컨트롤 유닛은 인버터와 승압 컨버터를 일체화시킨 것이다.

■ 에너지 회생

회생 브레이크 시스템이란 감속 시에 전기 모터를 발전기로 활용해서 차량의 운동 에너지를 전기 에너지로 변환해서 배터리로 회수하는 것을 말한다. 브레이크를 걸면 운동 에너지가 열 에너지로 바뀌어서 대기 중에 방출되는데 하이브리드에서는 회생 브레이크를 채용함으로서 에너지 손실을 최소화하는 것이다. 이로 인한 연비 절감 효과는 상당한 수준이다.

회생 브레이크는 주행 상태에서 발생하는 감속에너지를 모터로 회수하는 방식과, 모터를 적극적으로 브레이크 기능에 포함시키는 방식 등이 있다. 프리우스의 회생 브레이크 시스템은 적극 회수 방식이다.

브레이크를 밟았을 때에 발생하는 마스터 실린더의 유압이 압력 센서에 의해 검출되어, 이 압력을 토대로 요구되는 제동력을 브레이크 컴퓨터가 산출한다. 요구된 제동력의 일부가 히이드롤릭 비클 컴퓨터로 보내지면 여기서 모터를 향해 마이너스 토크를 지시하게 되고 회생 제동이 실시된다.

휠 실린더에 대한 유압은 증압과 감압용 리니어 솔레노이드 밸브 개도Linear Solenoid v/v를 제어함으로서 마스터 실린더의 유압에 대한 대응을 실시해서 회생 브레이크의 부족분을 보완한다. 즉 운전자가 요구한 제동력은 회생 브레이크와 유압 브레이크가 분담해서 발생하는 것이다.

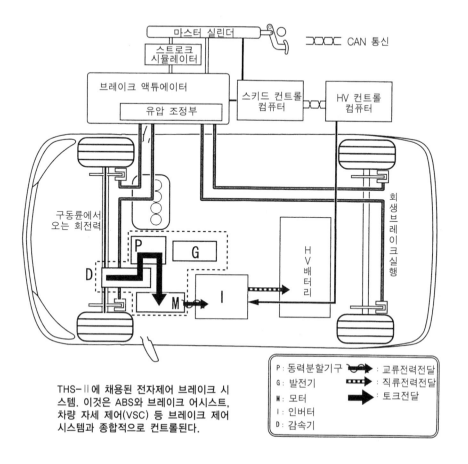

THS-Ⅱ에 채용된 전자제어 브레이크 시
스템. 이것은 ABS와 브레이크 어시스트,
차량 자세 제어(VSC) 등 브레이크 제어
시스템과 종합적으로 컨트롤된다.

브레이크 페달을 조작하는 조작력은 전환 솔레노이드 밸브와 리니어 솔레노이드
밸브의 작동에 의해 유압 경로가 전환되어, 최종적인 브레이크 기구의 유압은 하이
드로 부스터가 발생하는 유압이 컨트롤하게 된다. 이 시점에서 마스터 실린더와 휠
실린더의 유압 경로가 차단되어 브레이크 페달의 응답상은 없어지게 되지만, 페달
조작량이나 반발력은 스트로크 시뮬레이터에 의해 만들어지므로 브레이크 페달에
는 정상적인 응답성이 확보된다.

■ 아이들링 스톱 시스템

제 2장에서 빗츠의 예를 들어 이미 언급했으므로 여기서는 자세한 설명은 생략
하겠지만, 아이들링 스톱 시스템은 하이브리드 시스템에서 빼놓을 수 없는 것이며,
연비와 배기의 두 성능을 향상시키는 효과가 있다. 일반 자동차에서는 엔진을 정지

시켰을 때의 전기 사용을 위해 별도의 장치가 필요해지지만, 하이브리드 시스템에서는 손쉽게 가능해진다.

문제가 된다고 한다면, 액셀러레이터 개도와 주행 속도가 제로가 되더라도 교통 체증 등에서는 저속 주행을 하게 되어 빈번하게 아이들링 시스템이 작동하게 되면 주행에 지장이 있을 수도 있다는 점이다.

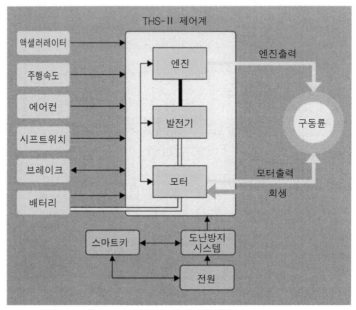

2세대 프리우스의 하이브리드 시스템 제어 계통도

그런 상황을 고려해서 시스템이 작동하지 않도록 하는 조건을 몇 가지 추가해서 대처하고 있다. 예를 들어 엔진의 온도가 일정 이하일 경우에는 촉매가 식어서 정화 성능이 저하되는 것을 막기 위해 아이들링 스톱 기능이 작동하지 않도록 한다. 배터리에 충전할 필요가 있을 경우도 마찬가지이다.

■ 제어 시스템

일반 엔진에 대한 기술 제어보다 더 한층 섬세한 제어로 하이브리드 시스템이 원활하게 기능하도록 되어 있다. 프리우스의 제어 시스템도 성능이 향상된 THS-Ⅱ

에서는 더욱 고도화되었다.

하이브리드 시스템을 효과적으로 작동시키기 위해서는 모터와 엔진을 어떻게 효율성 있게 조합시킬 것인지 선택할 필요가 있고, 배터리의 충전 상황을 체크해서 발전기 회전수를 조절하는 등의 제어 시스템이 모든 열쇠를 쥐고 있다. 위에서 언급한 회생 브레이크나 아이들링 스톱 등의 시스템을 효율적으로 작동시키는 것도 제어 시스템에 의한다. 시스템 전체를 종합적으로 운영하는 신경계통의 역할을 하고 있다.

운전자가 스마트 키를 작동시키면 그 신호로 시스템에 전원이 투입되고, 하이브리드용 컴퓨터가 작동을 확인한다. 운전자가 이그니션 스위치를 눌러 시동하려는 의사를 표명하면 하이브리드 시스템이 정상적으로 작동하는지를 확인한 후, 각 센서가 발신하는 신호가 컴퓨터로 들어간다.

주행 시에는 연비를 최소화하도록 엔진을 제어하는 것이 중요하다. 엔진이 운전되는 영역이 미리부터 계획해 놓은 일정 범위 안에 들도록 제어함으로서 그 목적을 달성시킬 수 있다.

회생 브레이크를 포함한 제어이므로 파워 전달 계통만이 아닌, 차량 전체 시스템 제어의 일환으로 파악하도록 되어 있다. 지금까지 개발해온 모든 전자제어 기술이 시스템 속에 활용되어 있으며, 이제는 이런 고도의 기술 없이는 하이브리드 시스템을 구축하기란 불가능하다.

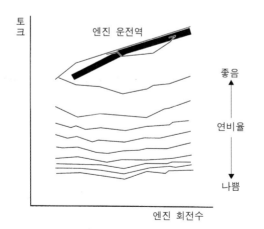

연비가 가장 좋아지는 엔진 운전역이 되도록 제어된다.

5-5 각 하이브리드 카의 개요

앞의 항에서 일본의 하이브리드 카 등장 순서로 그 특징 내용에 대해 간단하게 살펴보았다. 여기서는 각 제조사마다 각각의 시스템을 중심으로 그 개요를 알아보도록 하자.

■ 도요타의 시판 하이브리드 카

도요타는 다양한 시스템을 채용하는 하이브리드 카를 개발하고 있으며, 가장 많은 판매대수를 자랑하고 있다. 그 중에서 하이브리드의 핵심 시스템이 프리우스에 탑재된 THS(도요타 하이브리드 시스템)이며, 이것을 진화시킨 2세대 프리우스에 실린 THS-Ⅱ가 전세계 하이브리드 카 기술의 정점에 있는 시스템이다.

프리우스가 크게 진화함으로서 종합효율(Well to Wheel)로 연료전지차를 웃도는 수치를 기록했다. 연비 성능, 배기 성능에서 높은 수준에 도달했다는 의미이다.

	연료효율(%)	차량효율(%)	종합효율(%)
최신가솔린자동차	88	16	14%
종래형 (마이너체인지 전)	88	28	25%
종래형 (마이너체인지 후)	88	32	28%
신형 프리우스		37	32%
시판 FCHV	58 천연가스, 수소	50	29%
FCHV 목표	70	60	42%

THS-Ⅱ는 THS의 성능을 향상시키기 위한 개량이 가해져 있지만 기본적인 시스템이나 구조에는 큰 차이가 없다. 1997년에 발표된 THS 기술을 더욱 숙성시킨 것이 YHS-Ⅱ이다. 이 시스템이 닛산을 비롯한 여러 제조사 차량에 채용되었다.

그 밖에도 에스티마나 알파드에 채용된 THS-C, 크라운 마일드 하이브리드 THS-M 등이 있다. 또 마이크로 버스 코스터에 탑재된 시리즈 타입 하이브리드 사양도 있다. 발전기 역할의 엔진과 구동기구 역할의 모터를 조합시킨 시스템이다.

● 초대 프리우스의 THS

THS는 초대 프리우스가 등장한 지 2년 반 후에 시스템에 관해 비교적 큰 폭의 마이너 체인지가 이루어졌다. 그 후 2002년 8월에 10·15모드 연비 향상을 위해 제동 에너지 회수량을 올리는 제어 변경이 이루어져서 리터당 31.0km를 달성했다. 2003년 9월의 모델 체인지로 총 3단계에 걸친 개량을 받아 완성도를 높여왔다.

이것이 현시점에서의 하이브리드 카 시스템의 표준이 되고 있으며, 장래적으로 더욱 발전할 가능성을 지닌 것으로 세계적인 주목을 모으고 있다.

우선 1997년의 초대 프리우스부터 살펴보도록 하자.

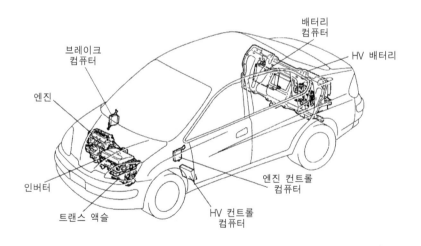

초대 프리우스의 하이브리드 시스템. 후방 트렁크에 실린 배터리는 마이너 체인지 후에 더욱 소형화되었다.

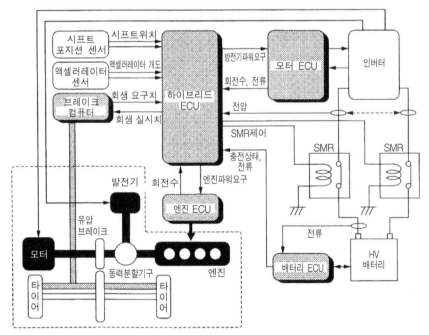

하이브리드 시스템의 구성. 주요 파츠에는 ECU가 있어서 가장 효율적으로 작동하도록
제어되고 있다.

◇ 엔진의 사양과 특징

이 직렬 4기통 엔진에 채용되어 있는 애트킨슨 사이클은 고출력을 얻기가 힘들
다는 이유로 예전에는 실용 예가 많지 않았다. 그러나 스로틀 밸브 개도를 크게 설
정할 수가 있어서, 그에 따른 부분 부하 시에 흡입관 부압을 낮춰서 펌핑 손실을 줄
일 수 있어서 연비 성능이 좋아진다.

총배기량 1296cc, 직렬 4기통 DOHC 4밸브, 1NZ-FXE 엔진을 채용. 보어×
스트로크는 75.0mm×84.7mm, 압축비 13.0이다. 마이너 체인지로 53kW
(72ps)/4500rpm이 되었는데, 초기형은 최고출력 43kW(58ps)/4000rpm이
었다. 최대토크는 초기형 102Nm (10.4kgm)/4000rpm에서 115Nm
(11.7kgm)로 향상되었다. 최고 출력 향상은 최고 회전수 상승과 더불어 캠 작용
각과 밸브 타이밍 설정, 밸브 리프트 량, 압축비 변경 등에 의한다.

실린더 헤드는 알루미늄 합금제, 엔진 룸 앞쪽에 인테이크 매니폴드를 배치하는
레이아웃이다. 고 압축비를 얻기 위해 비스듬한 스키쉬 형상 Squish Shape의 연소실을

채용하여 노킹 발생 억제와 연소 효율 향상을 실현했다. 연소실 전체를 완전히 새롭게 설계해서 연소실 용적 편차를 줄이고 있다.

밸브 구동은 리프터를 사용하는 직동식이다. 흡입 밸브는 VVT-i 기구로 밸브 타이밍을 가변적으로 제어한다. 흡배기 밸브는 소재와 각종 처리 가공에 의해 내마모성을 확보했다. 캠 샤프트Cam Shaft는 합금주철로 제작하고 내마모성을 향상시키기 위해 표면 경도를 강화하는 틸처리를 실시했다.

실린더 블록은 알루미늄 합금 블록 내벽에 두께 2mm짜리 주철제 박형 라이너를 삽입해서 블록 전체를 소형화시키고 있다. 피스톤은 스커트 부분의 길이를 줄이고 수지 코팅 처리를 함으로서 섭동 저항攝動抵抗을 줄이고 있다.

크랭크 샤프트는 강성과 강도를 배려해서 단조제를 채용했고, 실린더 보어 중심에 대해 크랭크 저널 중심을 피스톤 드러스트 방향으로 12mm 옵셋시켜 조립했다. 이로서 연소 행정에서 압력이 최대가 되는 시점에 피스톤 측면에 걸리는 마찰력을 줄이고, 저회전 저부하 시의 연소를 향상시키는 효과도 얻었으며, 연비 향상에도 공헌한다.

프리우스용 1.5리터 엔진. 뒤편의 그림자는 종래형 1.5리터 엔진의 크기를 나타낸다. 이 엔진이 얼마나 작아졌는지를 나타내고 있다.

커넥팅 로드는 고강성 바나듐 강을 사용한 단조제를 채용한다. 마이너 체인지 후에는 크랭크 샤프트의 핀 구경이 변경되어 빅엔드 내경이 37.0mm에서 43.0mm로 확대되었다.

스로틀 보디는 컨트롤 유닛의 지시에 따라 스로틀 밸브 개도를 결정하며, 액셀러레이터의 작동 폭과는 일치하지 않고 작동하는 전자제어 스로틀을 채용했다. 스로틀 밸브 작동은 DC 모터 회전을 기어로 감속시키는 기구로 실시한다.

◇ THS의 동력 분할 기구

가솔린 엔진과 모터, 발전기 등으로 구성되는 THS의 주요 기구가 동력 분할 기구에 의해 조화를 이루는 것이 이 시스템의 큰 특징이다.

동력 분할 기구는 플래니터리 기어를 이용한 구조로 되어 있고, 플래니터리 기어 외주에 있는 링 기어는 모터와 접속하는 동시에 체인 스프로켓과 체인을 경유하고, 여기서 카운터 드라이브 기어, 카운터 드리븐 기어를 거쳐 파이널 기어디퍼런셜 기어에서 프런트 휠로 구동력이 전달된다.

동력 분할 기구를 포함해서 파이널 기어에 이르는 파워트레인 중간에는 트랜스미션 기구가 마련되어 있지 않다. 이것은 플래니터리 기어와 모터, 발전기의 작동이 동력 분할을 동반하면서 무단계 변속 기능을 낳고 있기 때문이다.

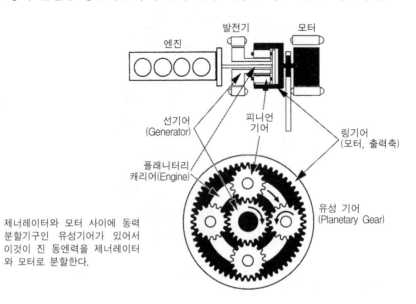

제너레이터와 모터 사이에 동력 분할기구인 유성기어가 있어서 이것이 진 동엔력을 제너레이터와 모터로 분할한다.

한편, 자동차가 주행하기 위한 주 기구인 엔진에서 나오는 출력은 플래니터리 기어 기구의 플래니터리 캐리어에 접속되어 있다. 또 하나의 동력 발생원인 발전기는 선 기어에 접속되어 있다. 플래니터리 기어 기구 중에서 플래니터리 캐리어 원주 상에 설치된 피니언 기어Pinion Gear와의 조합으로 엔진과 모터, 발전기의 회전수를 서로 컨트롤할 수 있게 된다.

동력 분할은 엔진의 동력을 기준 삼아서 발전 측 발전기와 구동력 측 모터로 분할해서, 모터는 주행 상태에 따라 배터리와 발전기의 전류로 제어된다.

◇ 모터

교류동기 전동기(영구자석식 동기 모터)가 사용된다. 모터 본체는 동력 전달용 체인과 감속기를 경유해서 최종적으로 휠과 직결되어 있는 구조이며, 주행 시에는 언제나 차륜과 비례해서 회전하고 있다.

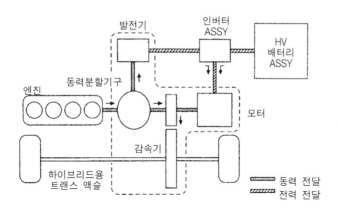

THS의 동력과 전기의 전달

발진, 저속 주행 시 : 모터로 주행

통상 주행 시 : 엔진으로 주행

풀 가속 시 : 모터와 엔진으로 주행

모터는 발진 시나 저속 주행 시에 단독으로 차륜을 구동한다. 이 때에는 엔진과 발전기가 모두 작동하고 있지 않으므로 모터 구동력원은 구동용 배터리가 담당한다. 모터가 발생한 구동력은 AT의 크립 상태를 발생시키므로, 브레이크 램프가 점등하고 있지 않을 때에는 크립 작동으로서의 전류가 구동용 배터리로부터 모터에 공급되고 있다.

통상 주행 시에는 엔진 주체 주행이 되며, 모터는 필요에 따라 엔진의 출력을 보조한다. 제동 시에는 모터가 발전기로 기능해서 제동에서 발생하는 에너지를 전기 에너지로 변환, 회수해서 배터리에 저장한다. 또한 단독으로 구동용 배터리를 충전하는 발전기를 갖추어서 동력 분할 기구를 이용하고 있는 점이 다른 시스템과의 큰 차이점이다. 덕분에 엔진 단독 주행, 모터 단독 주행, 엔진+모터 주행, 정지 상태에서의 배터리 충전 등 다양한 주행 패턴이 가능해진다.

◇ 발전기

기본 구조는 모터와 똑같은 교류동기 전동기이다. 구동용 배터리에 충전을 하거나, 모터 구동용 전력을 생산해서 직접 모터를 구동한다. 또 발전기의 발전량과 회전수를 제어함으로서 동력 분할 기구가 갖추고 있는 트랜스 액슬의 무단계 변속기 능을 컨트롤 한다.

또한 발전기는 엔진 시동 장치로서의 기능도 있다. 초기 엔진과 아이들링 스톱 시의 엔진 시동, 주행 중의 엔진 시동 등 모든 엔진 시동 기능을 발전기가 담당하는데, 바로 이 점이 다른 하이브리드 카와의 차이점이다.

◇ 모터의 출력 향상과 주행 성능

마이너 체인지(Minor Change : 어떤 제품을 수정 개발하는데 있어서, 기구나 성능을 나타내는 큰 틀은 그대로 유지하면서 약간의 기능이나 성능, 가격구조 등을 개선시키기 위한 최소의 변경을 하는 것)를 거치면서 모터의 성능이 향상되었다. 최고 출력과 최대 토크의 발생 상황이 바뀌었다. 최고 출력이 30.0kW/940~2000rpm에서 33kW/1040~5000rpm이 되었고, 최대 토크는 305Nm/0~940rpm에서 350Nm/0~400rpm으로 향상되었다.

종래형의 회정역이 2000rpm에서 끊어져 있는 것은 2000rpm을 넘어서면 출력이 저하되면서 최고 출력에 가까운 5600rpm 부근까지 이어지는 특성이 있기 때문이다. 파워가 향상된 모터는 출력이 30kW에서 33kW로 향상됨과 동시에, 이 최고출력이 거의 최고 회전인 5600rpm까지 지속되고 있다.

마이너 체인지로 가솔린 엔진의 특성도 바뀌었기 때문에 주행 필링을 모터와 가솔린 엔진 둘로 나누어서 비교하기란 어렵지만, 모터의 성능 향상으로 고속, 고회전역에서의 엔진 부하가 상당히 해소되었다.

모터의 토크 향상은 모터가 회전하기 시작하는 초기 400rpm에서 이루어지고 있으며 600rpm에서는 종래형 모터와 동일한 305Nm로 안정되다가 그 이후의 토크는 비슷한 성능 라인을 그린다.

모터에 회전계가 달려 있지 않기 때문에 정확한 상황을 파악할 수는 없지만, 일반적인 가솔린 엔진의 시동 모터가 300~400rpm임을 생각하면, 구동 모터의 최대 토크는 그 부근에서 발생하고 있다는 뜻이 된다.

이 회전역에서 발생하는 모터의 토크 향상을 체감하기란 힘들겠지만 모터의 성질로서는 가솔린 엔진을 보조하는 초기 반응이 부드러워지고, 모터 단독으로 출발하는 주행 영역에서의 토크 향상으로 인해, 출발 시의 액셀러레이터 조작량이 감소하고 모터 단독 주행에 따른 연비 저감을 꾀할 수 있는 효과가 기대된다.

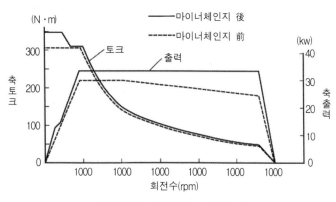

마이너 체인지 전후의 모터 성능 비교

◇ THS 구동용 배터리

니켈 수소 배터리가 사용된다. 1셀이 1.2볼트를 발생하므로 총전압은 그 배수가 된다. 초기 타입 배터리는 1.2볼트 셀 여섯 개를 직렬로 접속해서 1모듈로 하고, 총 40개 모듈을 두 개씩의 홀더에 나누어서 직렬 접속함으로서 합계 240셀, 288볼트를 정격 전압으로 사용했다.

마이너 체인지 후에는 같은 니켈 수소 배터리이면서도 1.2볼트 여섯 개를 일체화시킨 모듈을 38개 사용해서 273.6볼트를 정격 전압으로 사용하고 있다. 배터리의 형상도 환형에서 각형으로 바뀌었다.

배터리는 충전 시에 발생하는 열을 식혀야 하는데, 새로운 타입의 각형 모듈은 모듈 사이의 틈새를 냉각용 통풍구로 활용할 수 있는 등 장점이 많고, 배터리 전체의 체적은 종래형에 비해 60% 줄고, 무게도 30% 가벼워졌다.

니켈 수소 배터리. 왼쪽이 마이너 체인지 후의 것이고 오른쪽이 체인지 전이다.

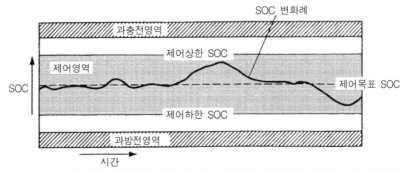

배터리 ECU에 의한 충전 상태(SOC) 제어. 과충전, 과방전을 되풀이하면 배터리 성능이 저하되므로 일정 충전 범위 안에 들어가도록 관리한다.

배터리 극판 구성이나 재료 개량으로 배터리 본체의 성능도 향상되었다. 중량 당 성능을 나타내는 출력 밀도는 종래형에 비해 80% 향상되었고, 각형 모듈 배터리는 88kW/kg의 출력 밀도를 확보했다. 배터리 성능 향상은 한랭 시의 시동성이나 연속 등판 능력 향상에도 이어지며, 급출발을 연속으로 해도 충분한 에너지를 확보할 수 있게 되었다.

마이너 체인지 후의 프리우스는 각형 모듈 배터리를 채용함에 따라 종래에는 리어 시트 뒤편에 쌓아두었던 것을 트렁크 바닥과 수평을 이루는 위치까지 압축되어 차량의 트렁크 공간이 약 30리터 정도 확대되었다. 리어 시트를 눕힐 수 있는 트렁크 드루 타입 세단이 되었다.

◇ 인버터 & 컨버터

모터용, 발전기용으로 각각 별도 장착되어 있는 인버터는 6개의 파워 트랜지스터로 구성된 3상 브릿지 회로에 의해 직류전류와 3상 교류전류의 변환을 실행한다. 파워 트랜지스터는 하이브리드 ECU(모터 ECU)의 구동 기능 제어에 의해 인버터에서 하이브리드 ECU로 출력 전류치와 전압 등 전류 제어에 필요한 정보를 송신한다.

인버터는 전용 라디에이터에 의해 모터와 발전기와 함께 엔진과는 별도의 냉각수 경로를 통해 냉각된다.

프리우스의 THS는 12볼트용 알터네이터를 장착하고 있지 않으므로 전기 장비류를 구동하기 위해서는 구동 배터리용으로 발전된 전기를 12볼트로 변환해서 12볼트 배터리에 충전해 놓을 필요가 있다. 이 역할을 하는 DC-DC 컨버터는 연속적으로 80암페어의 고출력을 발생할 수 있으며, 최소 입력 전압이 140볼트까지 작동할 수 있는 성능을 갖추고 있다. 한랭지 사양 차량에 표준 장착되어 있는 전기 히터 부하에 따라 출력 전류가 과대해지면, 에어컨의 컴퓨터에 신호를 보내 전기 히터를 일시 정지시켜 배터리 부담을 줄이는 기능도 있다.

컨버터로 들어온 전류는 트랜지스터 브릿지 회로에서 교류로 변환된다. 그 후 트랜스로 전압을 낮추고 정류, 직류화해서 최종적으로 12볼트로 변환한다.

12볼트 전기 장비용 배터리 출력 전압은 컨버터 제어 회로에 의해 감시되고 있어서 배터리 단자 전압이 언제나 일정하도록 제어되고 있다. 전기 장비용 배터리

전압은 엔진 회전수와는 관계없이 컨트롤되고 있으며, 엔진이 정지한 상태가 계속 되더라도 배터리가 완전 방전될 우려가 없다.

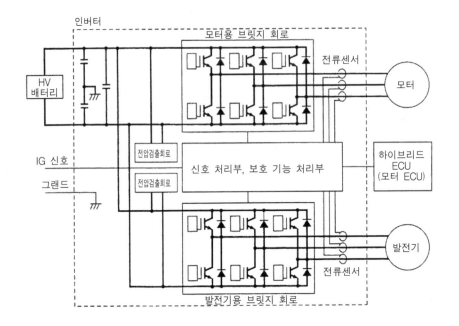

전력 변환 장치인 인버터의 회로도. 모터용과 발전기용으로 각각 6개의 파워 트랜지스터로 구성되는 3상 브릿지 회로Bridge circuit에 의해 직류전류와 3상 교류전류의 변환을 실행한다.

◇ 회생 브레이크

THS의 회생 브레이크 시스템은 적극 회수 방식이다. 브레이크 기구의 유압을 발생시키는 하이드로 부스터는 브레이크 마스터 기능과 마스터 실린더 기능을 겸비한 기구로서, 기본적으로는 ABS를 포함한 브레이크 시스템 전체의 중추기능을 담당한다. 따라서 리어 브레이크는 브레이크 부스터의 유압이 직접 작동하므로 브레이크 마스터 실린더는 리어 휠 실린더 유압에 관여하지 않는 구조이다.

브레이크를 걸었을 때에 전기적 회생 제어인지 통상적인 유압 브레이크인지는 모른다. 그래도 프런트 브레이크 패드나 리어 브레이크 라이닝 등의 마모는 적은 듯하며, 하이브리드 시스템은 브레이크 마모재의 분진에 의한 공기 오염 억제에도 효과가 있을지 모른다.

브레이크의 조작감은 초대 프리우스에서는 다소 다루기 불편하다는 평판이 있었다. 이 점에 관해서는 하이브리드 시스템의 브레이크 담당자도 꽤나 고심한 흔적이 보인다. "N렌지에서 브레이크를 조작하면 부드러운 브레이크 조작감을 느끼실 수 있습니다." 라는 문구가 브레이크 기구 해설문 중에 나와 있을 정도이다.

이 브레이크 시스템은 마이너 체인지를 거치면서 다소 해소되었지만, 회생 브레이크 뿐만이 아니라 브레이크 부스터로 부압을 이용하는 마스터백을 사용하지 않는 유압 부스터 타입(하이드로 부스터)은 페달 조작감에 다소 단단한 감촉을 나타내는 경향이 있는 듯하다.

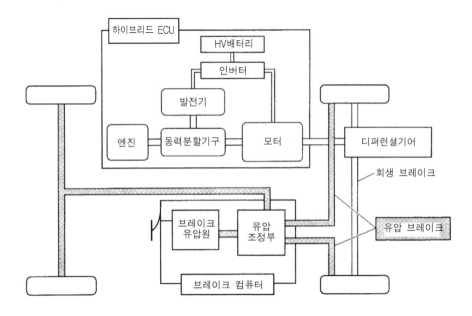

회생 브레이크 시스템. 차륜의 회전력으로 모터를 발전기로 활용시킴으로서 제동력을 얻음과 동시에, 운동 에너지를 전기 에너지로 바꾸어서 배터리로 회수한다.

◇ 거북이 마크와 주행 성능

프리우스가 등장했을 때에 화젯거리가 된 것 중의 하나가 거북이 마크였다. 이것은 배터리 용량 저하를 경고하는 경고등 그림의 애칭이다.

프리우스의 계기반에는 에너지 상태와 연료 소비 그래프를 나타내는 화면이 표시된다. 에너지 상태 표시 모드에서 긴 오르막이 이어지는 고속도로를 액셀러레이터 전개로 주행하고 있으면, 배터리 화면이 녹색에서 황색으로 바뀌고, 그 후에 계기반 상에 노란색 거북이 마크가 나타난다.

거북이가 등장하면 더 이상 가속하기란 힘들다. 배터리 용량이 회복할 때까지 속도를 줄이고 경제 운전을 해야 한다.

그러나 배터리와 엔진, 모터, 발전기 등의 성능이 향상된 마이너 체인지 후의 프리우스는 거북이 마크가 등장하는 일이 크게 줄어들었다. 상당히 긴 연속 고속 오르막에서도 토크가 갑자기 떨어지는 현상이 드물어졌다.

THS에서는 주행 속도와 엔진 회전수는 전혀 상관이 없다. 최종적인 구동 컨트롤은 발전기 제어로 이루어지는데 일반 고속주행과 같은 상황에서 효율이 가장 좋은 엔진 회전역은 2000rpm 부근이라고 한다. 크루즈 컨트롤Cruise Contrl 기능을 사용해서 달리는 고속 주행에서는 가능한 한 2000rpm 부근을 유지하도록 제어된다.

모터 단독 주행이 가능한 최고 속도는 초기 프리우스가 45km/h, 마이너 체인지 프리우스는 65km/h이다. 이 속도역을 잘만 활용하면 연비가 향상되지만, 모터만으로 출발할 경우 교통 흐름을 원활하게 타지 못하는 경우도 있었다.

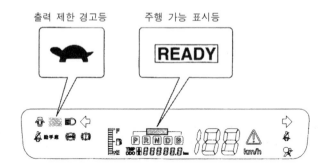

출력 제한 경고등 / 주행 가능 표시등

■ 2세대 프리우스 THS-II

THS-II는 초대 프리우스의 하이브리드 시스템 THS를 대폭적으로 개량해서 2세대 프리우스에 탑재되었다. 새로워진 시스템은 하이브리드 시너지 드라이브라는 캐치프레이즈로 도요타의 기술에 대한 자신감을 나타내고 있다. 시너지란 상승효과란 뜻으로 경제성과 동력성능을 높은 차원에서 양립하고 있음을 나타낸다. 하이브리드는 연비를 우선시키는 시스템이긴 하지만, 그렇다고 해서 주행 성능에 희생이 뒤따르는 것은 아님을 강조하는 것이다.

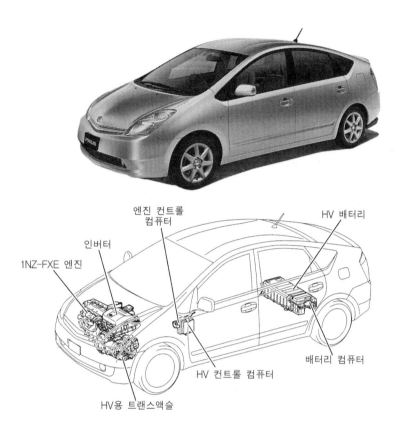

엔진 컨트롤 컴퓨터

HV 배터리

인버터

1NZ-FXE 엔진

배터리 컴퓨터

HV 컨트롤 컴퓨터

HV용 트랜스액슬

2세대 프리우스의 하이브리드 시스템. 배터리가 소형화되어 트렁크 하부에 수납되었다.

초대 프리우스 시절에는 하이브리드 시스템이 자동차의 동력원으로 성립할 정도의 수준이라는 점을 증명하긴 했어도, 연비 성능을 중시하다 보니 주행 성능이 다소 미흡했던 점이 지적되었었다. 미국이나 유럽 시장에서는 연비 성능이 좋다는 것 하나만으로는 소비자가 납득하지 않는다. 그래서 마이너 체인지를 하면서 모터와 엔진의 성능 향상이 이루어졌다.

주행성능은 상당히 개선이 되었지만, 하이브리드 시스템이 자동차의 동력원으로서 진정한 시민권을 얻기 위해서는 주행 성능을 높이는 일이 개발진에게 주어진 우선 순위 과제가 된 것이다. 연비 성능을 더욱 향상시키면서 동력원 전체의 성능 향상도 도모하면서 제작 단가는 낮춰야 하는 어려운 기술 도전이 이어졌다. 물론 이러한 과제를 해결할 수 있다고 해서 시스템 전체가 크고 무거워지면 안 된다.

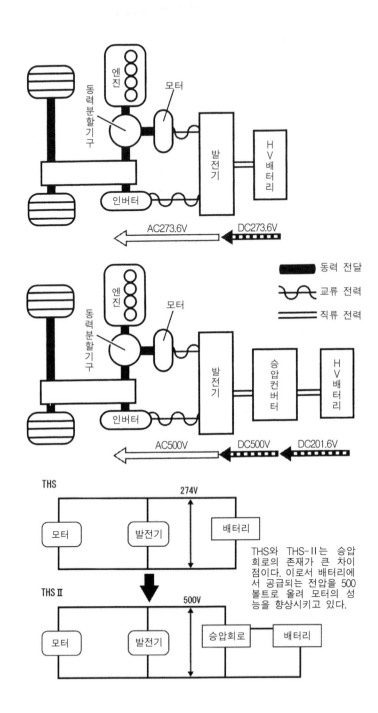

기술적으로 곤란한 도전이었지만, 개발 방향이 뚜렷하고 어느 방향으로 전진할
것인가 망설이지 않게 된 만큼 개발 에너지를 한곳에 집중할 수 있었다.

개발은 소수 정예 부대로 진행되었다고 한다.

THS-Ⅱ 최대 특징은 모터와 발전기의 전원 전압을 고전압화시킨 것이다. 이로서 똑같은 크기로도 모터와 발전기의 물력이 크게 향상되었다. 모터에 공급하는 전원 회로에 새로이 승압 회로를 추가해서 종래에는 273.6볼트였던 공급 전압을 500볼트까지 올렸다. 이로서 모터는 45마력에서 68마력으로 1.5배나 향상되었고, 발전기 최고 회전수도 6500rpm에서 10000rpm으로 향상되었다. 모터 고출력화로 발진 가속성능이 올라갔고, 발전기 고회전화로 추월 가속 성능이 향상되었다.

발전기는 선 기어Sun Gear, 유성 기어Planetary Gear는 엔진, 그리고 모터는 링 기어Ring Geat와 휠Wheel에 연결되어 있기 때문에 가속하기 위해 발전기 회전수를 올리면 엔진 회전수도 높일 수 있다. 즉, 고전압화에 의해 발전기 회전수가 향상됨으로서 엔진의 최고 회전수를 올릴 수 있었던 것이다. 모터와 발전기의 전원전압을 고전압화시킨 것은 모터와 엔진의 성능 향상 효과로 이어진 것이다.

이들 효과를 발휘시키기 위해 제어 시스템을 고도화하고, 모터 내구성을 올리고, 세부적으로도 대책이 실시되었다. 운전석에서 스위치 조작으로 EV 모드가 설정되었다. 이것은 엔진을 사용하지 않은 채로 늦은 밤이나 이른 새벽 등에 차고 진출입 시에 설정해 놓으면 배기음도 안 나고 연기도 없다. EV모드(연료전지 출력을 사용할 수 없을 때, 배터리로만 작동함) 주행은 55km/h 이하로 단시간에만 허용된다.

◇ 엔진 개량

기본은 똑같지만 최고 회전수가 4500rpm에서 5000rpm으로 올라갔다. 이에 따라 최고출력도 72마력에서 77마력으로 향상되었다. 최대토크는 115Nm (11.7kgm)/4200rpm이다. 섭동 저항을 철저하게 줄이도록 설계된 엔진은 피스톤 링의 장력을 줄이고, 고성능 축 베어링을 채용하는 등의 개량이 이루어져 있다.

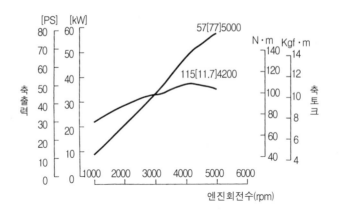

엔진 성능 곡선. 출력 향상과 더불어 저연비화도 이루어져 있다.

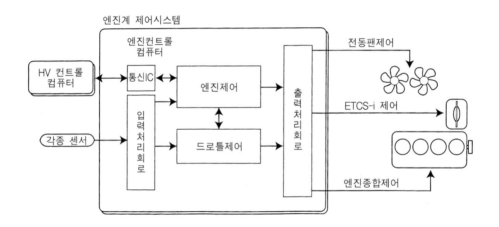

◇ 모터, 발전기

모터의 토크와 마력이 향상됨에 따라 출발 시의 모터 단독 주행이 더욱 폭이 넓어졌고, 연비 향상에도 좋은 영향을 미친다. 모터는 영구자석을 일직선 배치에서 V자 배치로 변경함으로서 모터 본체의 구동 토크와 출력이 향상되었다.

모터는 전압이 일정하다면 큰 전류를 흘림으로서 큰 출력을 얻을 수 있고, 전압이 높을수록 작은 전류로도 큰 출력을 얻을 수 있다. 이 원리를 이용해서 전압이 일정할 경우는 전압을 승압시켜 출력을 크게 내고, 필요에 따라 전압을 높여 전류를 낮춤으로서 에너지 손실을 억제하도록 제어한다. 또 열량에 의한 전력 손실도 전압을 올려 전류량을 낮춤으로서 줄이고 있다.

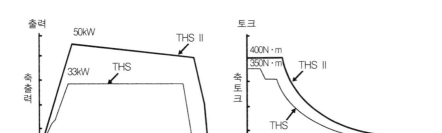

구동용 모터의 출력과 토크. 승압 회로를 설정함으로서 모두 향상되어 있다.

모터 성능은 최고출력 50kW(68ps)/1200~1500rpm, 최대토크 400Nm (40.8kgm)/0~1200rpm이다.

모터 출력 향상과 더불어, 종래까지는 저속역과 고속역 두 가지였지만, 그 중간 인 중속역 제어가 가능한 과변조 제어를 채용해서 종래보다 중속역의 출력을 30% 향상시키고 있다.

발전기도 로터의 강도를 올려서 최고출력 발생 회전수를 올렸다.

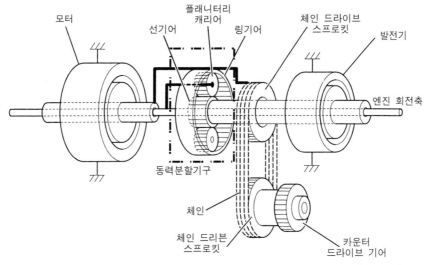

동력 분할 기구. 구형과 마찬가지로 유성 기어를 사용하며, 엔진 동력은 모터(차륜으로)와 발 전기(배터리로) 필요에 따라 2분되어 전달된다.

◇ **파워 컨트롤 유닛**

종래는 인버터와 컨버터가 별체식이었지만 THS-Ⅱ에서는 인버터Inverter와 컨버터Converter가 일체화되어 파워 컨트롤 유닛Power Control Unit이라 불린다. 배터리에서 이어지는 인버터 회로의 앞쪽에 DC/DC 승압 컨버터를 배열해서 모터에 공급하는 전압을 승압하는 구조이다.

파워 컨트롤 유닛 안에는 모터와 발전기의 전원계 전압을 최대 500볼트로 높이는 승압회로를 채용한 가변전압 시스템이 들어있다.

배터리의 전압을 승압해서 모터 구동용 교류로 변환시킬 때에는 큰 전류를 스위칭Switching할 필요가 있는데, 이 때에 발열을 하게 된다. 그 영향을 없애기 위해 직류를 교류로 변환하는 인버터 회로에는 도요타가 독자적으로 개발한 반도체 스위칭 소자 IGBT를 사용한다.

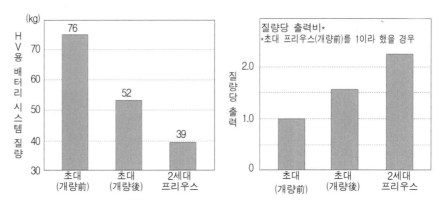

배터리 경량화와 고출력화가 이루어짐으로서 경량 소형화를 도모하고 있다.

◇ **배터리**

구동용 배터리인 니켈 수소 배터리는 전극 재료 개량과 배터리 내부 저항 저감, 각 셀간의 접속 구조 개량 등으로 입출력 밀도를 35% 향상시켜 중량당 출력을 나타내는 출력 밀도를 크게 향상시켰고, 그만큼 소형화도 이루어졌다.

배터리 소형화는 자동차 설계 자유도를 크게 향상시킨다. 3세대 프리우스는 해치백 스타일이 되었으며 리어 시트를 눕히면 트렁크와 연결되는 넓은 적재 공간이 생긴다. 이것이 가능했던 것은 배터리가 트렁크 하부에 수납되었기 때문이다.

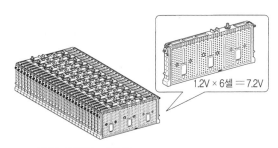

7.2V × 28모듈 ＝ 201.6V

배터리는 위와 같이 1.2볼트 셀을 6개 직렬로 접속한 것을 1모듈로 하고, 이것을 28개, 총 168셀로 이루어져 있다.

배터리를 소형화해서 리어 시트 밑에 수납했다. 트렁크 공간을 충분히 확보하고 있다.

◇ 브레이크 제어 및 회생 브레이크

브레이크 조작감을 좋게 하기 위해 전자제어 브레이크 시스템이 채용되었다. 기본적으로는 다음에 설명할 THS-C와 동일하다. 브레이크 페달을 밟으면 유압 브레이크와 회생 브레이크가 협조를 이루어 조작감이 향상된다.

전자제어로 유압 브레이크가 담당하는 범위를 좁힐 수 있고, 종래에는 그냥 버리고 있었던 감속 에너지를 회수할 수 있게 되었다. 회생 에너지 량을 늘리는 것이 연비 향상에 이어짐은 두 말 할 필요가 없다.

결과적으로 10·15모드 연비는 리터당 최고 35km로서 5인승 승용차치고는 뛰어난 성능을 자랑한다. 거기에 모터와 엔진의 출력 성능이 향상되고 제어 시스템의 고도화와 함께 주행 성능이 한층 더 진화되었다.

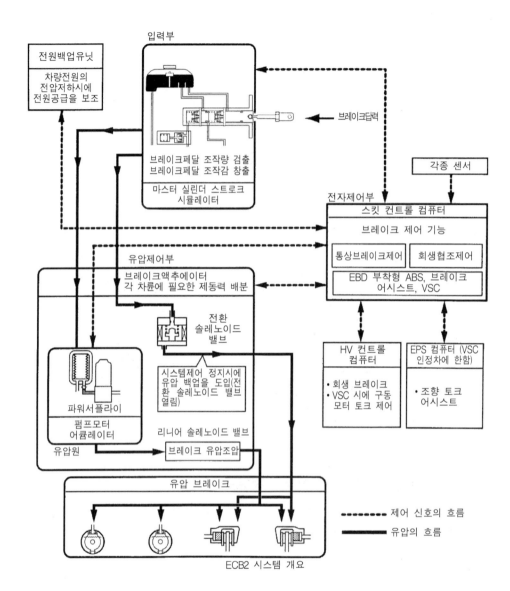

전원백업유닛

차량전원의
전압저하시에
전원공급을 보조

입력부

브레이크답력

브레이크페달 조작량 검출
브레이크페달 조작감 창출

마스터 실린더 스트로크
시뮬레이터

각종 센서

전자제어부

스킷 컨트롤 컴퓨터

브레이크 제어 기능

| 통상브레이크제어 | 회생협조제어 |

EBD 부착형 ABS, 브레이크
어시스트, VSC

유압제어부

브레이크액추에이터
각 차륜에 필요한 제동력 배분

전환
솔레노이드
밸브

시스템제어 정지시에
유압 백업을 도입(전
환 솔레노이드 밸브
열림)

파워서플라이

펌프모터
어큐레이터

유압원

리니어 솔레노이드 밸브

브레이크 유압조압

HV 컨트롤
컴퓨터

• 회생 브레이크
• VSC 시에 구동
  모터 토크 제어

EPS 컴퓨터 (VSC
인정차에 한함)

• 조향 토크
  어시스트

유압 브레이크

⊶⊶⊶⊶ 제어 신호의 흐름

━━━━ 유압의 흐름

ECB2 시스템 개요

브레이크 시스템과 THS-Ⅱ의 회생 브레이크 제어의 협조로 이루어지는 전자제어 브레이크
시스템(ECB2)에 의해, 회생 브레이크를 최대한으로 활용함과 동시에 상급 모델에서는 전동
파워 스티어링과 협조 제어를 실행하는 자세 제어 시스템 S-VSC를 채용하는 등, 차량의 종
합 제어 시스템이 구축되어 있다.

■ 에스티마 하이브리드 THS-C

THS-C는 에스티마 하이브리드에 탑재되어 있는 4WD 하이브리드 시스템이다. 끝에 붙은 C는 CVT의 약자이다. 또, THS-C+E-Four라고 불리기도 하는데 이 시스템이 전기사양 4WD라는 것을 뜻한다.

엔진 본체는 프리우스와 같이 애트킨슨 사이클을 사용하는 동력 전환 기구의 패럴렐 하이브리드 시스템이다. 트랜스미션에 벨트식 CVT를 채용한 점이나 동력 분할 기구에 유성 기어 클러치가 추가된 점, 발전기가 모터와는 독립적으로 장착되어 있어서 엔진으로 구동된다는 점 등이 차이점이다.

THS-C는 엔진 외에도 프런트 발전기 모터, 리어 발전기 모터, 구동용 배터리, 시동 모터 발전기, 컨버터 일체식 인버터 등으로 구성된다.

기본적인 주행 패턴은 다음과 같다.

① 엔진 동력을 기계적으로 차륜에 전달해서 주행하는 모드
② 엔진을 정지하고 모터 발전기로 주행하는 모드
③ 엔진과 모터 발전기로 주행하는 모드
④ 정차 중에 엔진으로 발전하는 모드
⑤ 감속 시의 에너지를 모터 발전기의 발전으로 회수하는 모드

4WD(E-Four) 기능은 다음과 같다.

① 발진이나 급가속시, 노면 마찰 계수가 낮을 때에 리어 모터 발전기를 구동에 추가하는 주행
② 통상 주행 시에 리어 모터 발전기를 정지시켜 연비 향상을 도모하는 FF 주행
③ 감속시에 리어 모터 발전기로 에너지를 회수하는 4WD 모드

출발할 때에 액셀러레이터 페달을 지그시 밟으면 전후 모터 발전기만으로 발진하다가, 그 후에 가속하기 위한 구동력이 필요해서 페달을 깊이 밟으면 엔진이 시동한다. 주행을 계속하다가 엔진의 효율이 좋은 영역에 도달하면 엔진만으로 주행한다.

후진 주행은 모터 발전기 구동과 엔진 구동 두 가지가 있다. 이 경우 원활한 출

발을 위해 우선 리어 모터 발전기가 구동된다. 배터리 충전상태가 부족할 때에 엔진이 작동하면 시동 모터 발전기로 충전이 이루어진다.

주행 중, 정차 중을 가리지 않고 1500W의 발전이 가능하다. 가정용 100볼트 컨센트도 갖추고 있어서 주차 중에 충전할 수 있다. 레저용으로 전기를 사용할 수 있다.

에스티마 하이브리드 엔진부

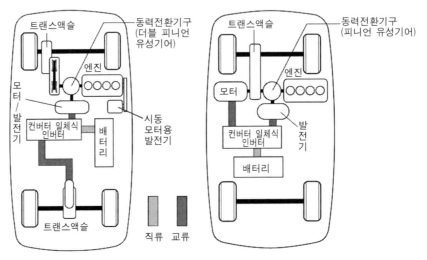

왼쪽이 에스티마, 오른쪽이 프리우스이다. 에스티마는 전륜을 엔진과 모터로 구동하는 패럴렐 방식, 후륜은 모터 구동 시리즈 방식인 4WD 시스템을 채용한다. 프리우스는 FF방식, 에스티마는 전기식 4WD이다.

◇ 탑재 엔진

표준 사양 에스티마와 똑같은 배기량 2362cc 직렬 4기통 DOHC 엔진을 애트킨슨 사이클로 개량해 놓았다.

표준 사양 엔진은 최고출력 118kW(160ps)5700rpm, 최대토크 221Nm (22.5kgm)/ 4000rpm인 데에 비해 THS-C 탑재 엔진은 각각 96kW (130ps)/5600rpm, 190Nm (19.4kgm)/4000rpm으로 하향 조정되었다. 마력은 30ps 내려갔지만 엔진 열 효율을 높이고 섭동 저항을 줄여 연비 향상을 꾀한다.

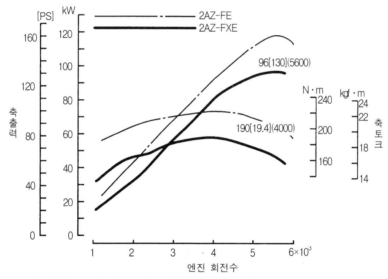

통상 엔진과의 성능 비교. FE는 통상 엔진, EXE는 애트킨슨 사이클 엔진이다.

◇ 프런트 / 리어 모터 발전기

프리우스와 마찬가지로 교류 동기 발전기를 채용한다. 필요에 따라 엔진의 보조 동력원으로서 어시스트하고, 출발이나 기속을 잘 하도록 한다. 회생 브레이크 작동 시에는 발전기로 작동해서 배터리를 충전한다.

프런트 모터 발전기는 배터리 용량이 떨어지면 엔진으로 발전을 하고, 시스템 기동 시의 엔진 시동용 모터로도 쓰인다. 최고 출력은 13kW(17.6ps)/1130~3000rpm, 최대토크 110Nm(11.2kgm)/0~1130rpm이다. 한편 리어는 각각 18kW(24.4ps)/1910~2500rpm, 108Nm(11.0kgm)/0~400rpm이다. 냉각 방식은 프런트 수랭, 리어 공랭이다.

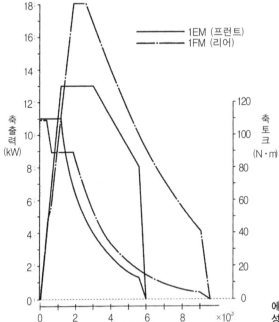

에스티마의 프런트, 리어 모터
성능 곡선도

범례: 1EM (프런트), 1FM (리어)

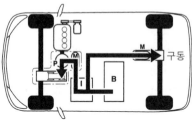

발진시 : 프런트와 리어의 모터로 발진한다. 감
속 시나 제동시에는 두 모터를 발전기로 써서
에너지를 회수한다.

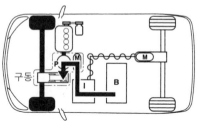

가벼운 부하 시 : 저속 주행 등 엔진 효율이
나쁠 때에는 프런트 모터로만 주행한다. 다만
눈길 등에서 앞바퀴가 미끄러지면 리어 모터
를 구동에 사용한다.

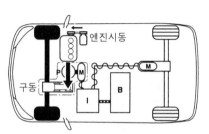

통상주행시 : 엔진 효율이 좋은 영역에서는
엔진 동력만으로 주행. 필요에 따라 엔진으로
프런트 모터를 발전기로 활용해서 배터리를
충전한다.

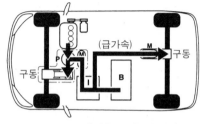

급가속시 : 엔진 출력을 높이는 동시에 CVT
변속비를 크게 설정해서 가속한다. 필요에 따
라 프런트와 리어 모터로 구동을 보조한다.

프런트의 구동용 유닛. 모터와 CVT
가 일체식으로 되어 있다.

리어 구동 유닛. 감속기가 내장된 모터

◇ 시동 모터 발전기

시동 모터와 발전기의 기능을 겸비하고 있다. 시동 모터일 때에는 크랭크 폴리
Crank Pully를 회전시키고, 발전기일 때에는 크램프 폴리에 의해 움직이게 된다.

영구자석식 3상 교류 동기 모터로서 정격 출력은 구동용 배터리와 똑같은 216볼
트의 고전압 타입이다. 엔진이 정지하는 간헐 운전 시의 재시동과 특정 조전 시의
발전을 담당한다. 냉각 기구로는 엔진의 냉각수를 리어 히터용 배관으로부터 도입
하는 방법을 사용한다.

모터 구동 출격은 37Nm(2.1kW)/548rpm, 발전 능력은 6.2kW, 최대 허용
회전수는 15000rpm.

◇ 구동용 배터리

1.2볼트 셀 여섯 개를 직렬로 접속해서 일체화시킨 모듈을 30개 사용한다. 합계
180셀, 정격 전압 216볼트의 니켈 수소 배터리이다.

◇ 컨버터 일체식 인버터

인버터 부분과 컨버터 부분이 각각 별도로 구성되어 있고, 이것을 일체화시킨 상
태로 탑재한다.

인버터는 구동용 배터리가 사용하는 직류와, 모터 발전기가 사용하는 교류의 변환을 담당한다. 전후 모터 발전기, 시동 모터 발전기, 오일 펌프 구동용으로 총 4개를 탑재한다.

엔진 냉각용 라디에이터의 냉각수를 별도 경로로 끌어들여 냉각한다. 하이브리드 계 냉각 수온이 설정값 이상이 되면 워터펌프가 작동하여 냉각수를 순환시킨다. 인버터의 온도가 설정값 이상이 되면 냉각 팬이 작동한다.

파워 트랜지스터 구동power transistor driving은 HV 컴퓨터가 파워 컨트롤 유닛power control unit을 거쳐 제어되며, 전류 제어에 필요한 출력 전류치와 전압 등의 정보가 인버터inverter 로부터 HV컴퓨터로 전달된다. 자동차의 램프 류와 액세서리 전원은 12볼트 배터리로 작동한다.

◇ 전자제어 브레이크

THS-C의 브레이크 시스템에는 ECB(electronically controlled brake system)가 채용되어 있다. 이것은 프런트와 리어의 모터 발전기에 의한 회생 제동력과 유압 브레이크의 제동력을 협조 제어함으로서 컨트롤된다. ABS와 EBD, 브레이크 어시스트 기구, TRC, VSC 등의 기능이 종합적으로 관여해서 제어된다.

◇ THS-C 동력 전환 기구

링 기어와 피니언 기어, 선 기어, 캐리어 등으로 구성되어 있는 유성 기어로 구성되어 있다. 그리고 유성 기어에 링 기어를 고정하는 B1 브레이크와 C1 & C2 클러치가 조합되어 있다.

유성 기어와 각 기구의 조합은 선 기어와 엔진, 플래니터리 캐리어와 모터 발전기가 직결되어 있고, 플래니터리 캐리어는 클러치 C1을 거쳐 CVT로, 링 기어는 클러치 C2를 거쳐 CVT로 동력을 전달한다.

브레이크 B1은 링 기어를 고정시킨다. 이로서 모터 발전기의 회전방향이 반대가 되어 시스템 기동 시의 엔진 시동과 엔진에 의한 주진 주행이 이루어지며, P렌지에서의 프런트 모터 발전기의 발전 작업을 실시한다.

에스티마 하이브리드의 10 · 15모드의 연비는 18km이다.

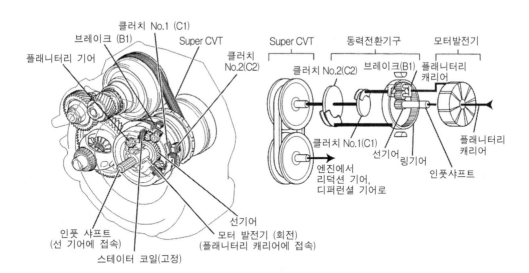

에스티마와 알파드의 동력 전환 기구. 프리우스와의 차이는 트랜스미션에 CVT를 사용하고 있다는 점. 엔진의 동력은 선 기어에 전달되고, 모터 발전기의 구동력은 플래너터리 캐리어에 전달된다. 링 기어 와 플래너터리 캐리어로부터 CVT로 출력한다.

■ 알파드 하이브리드

2003년에 도요타가 내놓은 알파드 하이브리드는 에스티마와 똑같은 THS-C 시스템을 탑재한다. 엔진, 모터 등의 내용, 성능 등 기본적인 사양이나 구조는 같 지만 제어 시스템 내용에 차이가 있다. 예를 들어, 에스티마는 아이들링 스톱 시 에는 에어컨 컴프레서도 정지했다가 실내 온도가 올라가면 컴프레서를 돌리기 위 해 엔진 시동이 걸리는 구조였지만, 알파드에서는 엔진이 정지해도 컴프레서는 계속 돌아간다.

전륜이 엔진과 모터로 구동되는 패럴렐_{parellal} 방식, 후륜이 모터로 구동되는 시리 즈 방식이 THS-C의 특징이다. 주행 상태에 따라 FF에서 4WD의 전후 구동력 배 분도 다양한 설정이 가능하다. 리어 모터 구동력을 어떻게 배분해 사용할 것인가에 따라 노면 상태나 속도 고저 등의 조건 하에서의 주행 필링이 변한다.

생활의 행동 반경을 넓히는 파밀리 카로서의 사용을 고려한 알파드는 부드럽고 안심하게 달릴 수 있는 점을 전제로 제어 시스템이 개발되었다고 한다. 같은 시스템을 쓰더라도 승차감이나 조작성을 자유롭게 변경할 수 있다는 점이 하이브리드 시스템의 심오한 점이다.

알파드의 중량은 사양에 따라 2000~2050kg(표준차 1780~1890kg) 정도 무거운 편이지만, 10·15모드 연비는 리터당 16.4~17.2km(표준차 18.9~ 19.7)로 무거운 차치고는 양호한 수치이다.

에스티마 하이브리드 4륜구동차의 구동 시스템

에스티마의 니켈 수소 배터리는 리어 구동 유닛 상부에 배치되었지만, 알파드는 프런트 시트 플로어 밑에 이동해서 공간 효율이 올라갔다.

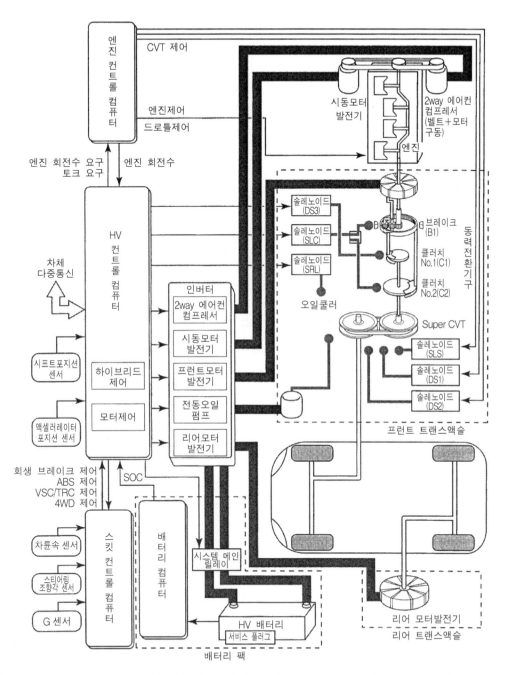

에스티마와 알파드의 하이브리드 시스템. 엔진과 하이브리드용 컴퓨터, 각 용도 컴퓨터들이
협조하면서 제어한다. 중심이 되는 하이브리드 컨트롤 컴퓨터는 각 센서가 보내오는 신호를
토대로 운전자가 요구하는 파워를 산출해서 가장 효율성이 높은 방법으로 제어하는 시스템
이다.

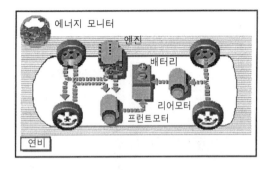

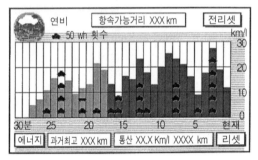

와이드 멀티 AV 시테이션의 화면. 6.5형 와이드 화면의 터치 패널 액정 디스플레이에 차량 정보를 표시한다.

■ 크라운 마일드 하이브리드

도요타의 세 번째 하이브리드 카는 크라운에 채용된 THS-M이다. M은 마일드 하이브리드란 뜻으로 모터는 구동력으로 적극적인 일은 하지 않는다. 출발 시의 짧은 시간에 AT에서 발생하는 크립 상태 부근에서만 모터로 주행하는 것과 아이들링 스톱Idling Stop이 주된 기능이다. 제동 시의 에너지 회생 기능으로 전용 배터리를 충전하는 일도 한다.

기본 구성은 가솔린 엔진, 모터/ 발전기, 인버터 유닛, 램프 점등, 엔진 컨트롤 컴퓨터 작동용 12볼트 배터리 외에 하이브리드 시스템용 36볼트 배터리를 탑재한다. 트랜스미션은 일반적인 4단 AT, 또는 5단 MT를 채용한다. 아이들링 스톱 시에도 미션 내부 경로를 작동시키기 위해 전동 ATF 펌프를 장착하고 있다.

10·15모드에서의 연비는 로얄이나 세단 모두 표준 가솔린 사양이 리터당 11.4km인데 비해, 하이브리드 사양은 13km이다.

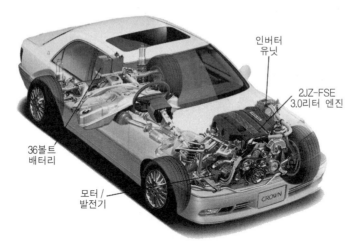

크라운 마일드 하이브리드 시스템. 전자 클러치를 거쳐 벨트로 엔진과 연결된 모터/ 발전기가
초기 발진과 회생 브레이크를 담당한다. 모터 구동은 리어에 탑재된 36볼트 배터리에 의한다.

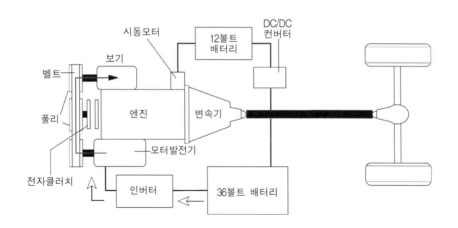

◇ 가솔린 엔진

배기량 2997cc 직렬 6기통 직분 엔진을 탑재한 로얄 살룬과 1998cc 직렬 6기
통 엔진의 크라운 세단 두 모델이 있다. 두 엔진 모두 표준 가솔린 엔진 자동차에
싣고 있는 기구와 다른 점이 없다. 다만 하이브리드 차용으로 최고 회전수가 하향
조정되어 있어서 출력 성능에 약간의 차이가 있다.

로얄 살룬의 2JZ-FSE형 엔진은 표준 사양이 최고출력 162ps/5500rpm, 최대
토크 294Nm/3600rpm이고, THS-M은 147ps/5000rpm, 최대토크는 같다.

크라운 세단의 1G-FE 엔진은 표준 사양 118ps/6000rpm, 200Nm/4400rpm, THS-M은 105ps/5500rpm, 196Nm/4400rpm이다.

◇ 모터/ 발전기

THS-M의 모터 & 발전기는 일반적인 가솔린 엔진과 동일한 상태로 엔진 크램프 풀리와 벨트로 접속되어 있다. 모터/ 발전기는 42볼트의 전압을 만들어 36볼트 배터리에 공급한다. 모터 출력은 2kW~10kW이다.

발전기의 교류는 인버터로 직류로 변환되어 36볼트 배터리에 충전된다. 차량의 기본적인 전지기구용 12볼트 배터리에도 DC/DC 컨버터를 거쳐 공급된다. 12볼트용 발전기는 따로 달려 있지 않다.

자동차가 정지하면 아이들링 스톱 기능으로 엔진이 정지한다. 재출발할 때에는 초기 구동력을 모터가 시동 모터가 되어 엔진을 시동한다. 다만 최초 출발 시에는 통상 엔진에 사용되는 것과 같은 기구의 시동 모터로 시동을 건다.

차량이 감속 상태가 되면 모터가 발전기가 되어 에너지를 회수, 배터리로 공급한다. 아이들링 스톱으로 엔진 정지 상태에서는 에어컨 컴프레서가 작동하지 않는다. 다만 이 때에는 엔진의 크램프 풀리와 엔진 구동 벨트가 전자 클러치로 차단되어 모터가 컴프레서를 돌린다. 엔진 정시 시에는 모터와 컴프레서의 상호 관계에 의해 에어컨이 작동한다.

마일드 이브리드용 모터 / 발전기

리어에 탑재된 36볼트 배터리

◇ 배터리

36볼트 실타입 납전지를 사용한다. 이 배터리는 하이브리드에 한정되지 않고 앞으로는 세계적으로 표준화될 가능성이 높다. 자동차가 소모하는 전기량은 계속 증가해 왔으며 12볼트 배터리는 머지않아 한계에 도달할 것으로 보인다. 그 대응책은 전압 상향 조정이 가장 현실적이다.

■ 혼다의 시판 하이브리드 카

혼다의 하이브리드 카는 IMA 시스템을 채용하고 있다. 'Integrated Motor Assist'의 약자로서 모터가 엔진의 구동을 보조한다는 뜻이다. 구동의 주역은 엔진이고, 모터는 이것을 보조할 뿐이다. 프리우스와 비교하면 전기자동차로서의 비율이 작다. 따라서 엔진 자체적으로도 상당한 연비 성능을 노리고 있으며, 모터 출력을 낮춤으로서 제작비를 줄이려는 사고방식이다.

현재까지 스포츠 쿠페 스타일인 인사이트와 시빅 하이브리드 두 모델을 발매했다.

정지 상태에서는 엔진도 정지하고, 출발이나 커다란 부하가 필요한 주행 상태에서는 토크가 큰 모터가 엔진을 보조한다. 주행 상태가 일정해지면 모터가 정지하고 가솔린 엔진 단독 주행이 된다. 감속 상태가 되면 모터가 에너지를 회생해서 배터리에 충전한다.

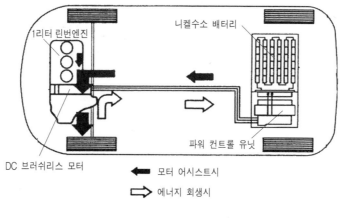

혼다 인사이트의 IMA 시스템

• 혼다 최초의 하이브리드 인사이트

인사이트는 혼다 최초의 하이브리드 카이다. 일반적인 세단과는 달리 알루미늄을 많이 사용한 차량 중량 850kg(표준 사양 / CVT 모델) 2도어 차체에 승차정원 2명인 특종 모델이다.

스타일링은 우수한 공력 디자인이 도입되어 차량 쪽에서 연비를 향상시키려는 노력을 최대한 기울였다. 가솔린 자동차로서 세계 최초의 3리터 카가 되고자 했다. 세계 최초의 하이브리드 카인 프리우스를 웃도는 연비 성능이 특징이다. 시빅 하이브리드가 판매되기 2년 전인 1999년 9월에 시판되었다.

10 · 15모드 연비는 리터당 35km. 이 성능에 대한 기여도는 엔진이 35%, 하이브리드 시스템 30%, 차체 공력 및 경량화가 35%이다. 차량 가격은 CVT 사양이 218만엔, 5단 MT 사양 210만엔이다.

인사이트에 탑재된 하이브리드 시스템의 파워 유닛

◇ 엔 진

수랭 직렬 3기통, 보어×스트로크=72.0mm×81.5mm의 배기량 995cc SOHC 4밸브 가솔린 엔진 ECA-ME2형을 탑재한다. 시빅 하이브리드의 4기통 엔진과는 공통성이 없다. 참고로 시빅의 보어×스트로크는 73.0mm×80.0mm이다.

인사이트의 3기통 엔진은 로커 암 샤프트 한 개짜리 방식을 채용함으로서 종래의 두 개짜리에 비해 흡배기 밸브 배열각을 45도에서 30도로 줄였다. 연소실이 아담해져서 고압축 린 번에 적합해졌다. 경량화를 위해 배기측 로커암은 알루미늄을 사용한다.

밸브 기구는 저회전 시에는 흡기 밸브 하나를 정지시키는 E-VTEC을 채용한다. 혼합기가 연소실 안에서 소용돌이를 강하게 일으켜 연소를 촉진한다.

실린더 블록 본체는 알루미늄 실린더 안에 끼우는 주철 라이너Liner의 두께를 줄여 소형화를 추구하고 있다. 인테이크 매니폴드와 레드커버, 보조 장치 풀리 등을 수지로 제작하고, 마그네슘 오일 팬을 채용하는 등 경량화도 추구하고 있다.

IMA 시스템은 발전기가 따로 달여 있지 않고, 감속 에너지를 회생시켜 충전하는 방식이다. 그만큼 엔진에 발생하는 저항이 적다.

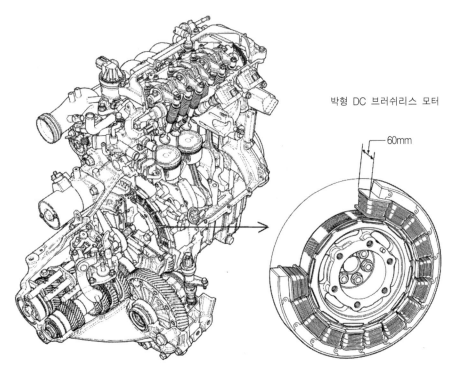

박형 DC 브러쉬리스 모터

60mm

직렬 3기통 엔진은 린 번 방식을 채용하고 1밸브를 휴지시켜 와류 발생으로 연소를 촉진한다.
박형 모터는 엔진과 직결되어 플라이휠 역할도 겸한다. 변속기는 5단 MT와 CVT가 있다.

저항을 줄이기 위해 로커암에 롤러 베어링을 사용했다. 일반적인 로커암은 캠과의 접촉면이 미끄러지는 슬리퍼 타입이 많은데, 이 부분에 롤러 베어링을 사용해서 마찰 저항을 크게 줄인 것이다. VTEC 전환용 연결 피스톤을 롤러 이너 샤프트에 내장시킴으로서 더욱 경량 소형화시키고, 관성 중량도 줄였다. 그밖에도 저장력 피스톤 링을 채용하고, 단조제 커넥팅 로드 표면을 침탄처리 함으로서 필요한 강도를 유지하면서도 사이즈를 줄여 커넥팅 로드 무게가 종래형 동급에 비해 약 30% 가벼워졌다.

◇ 모터

혼다가 DC 브러쉬리스 모터라고 부르고 있는 이 모터는 프리우스 등에 사용된 영구자석식 교류 동기형 모터와 똑같은 기구이다. 특징이라면 모터를 얇게 만들어서 크랭크 샤프트와 동축인 플라이휠 부분에 끼워 넣고 있다는 것이다.

이 모터는 전기자동차 'EV PLUS'에 채용한 브러쉬리스 모터가 베이스이다. 고내열 네오 마그네트와 로스트 왁스 제조공법의 로터를 채용해서 모터의 폭은 불과 60mm이다. 네오 마그네트는 네오지움과 철, 보론 등의 합금으로서 일반적인 철 합금 자석보다 10배의 에너지 축적이 있기 때문에 10분의 1의 자석량으로도 동등한 성능을 발휘할 수 있다고 한다.

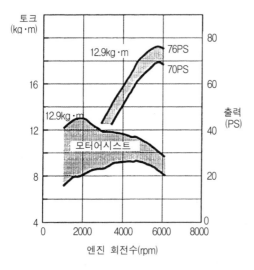

인사이트용 IMA 시스템 성능 특성. 엔진 성능을 모터가 보조하는 범위를 이것으로 파악할 수 있다.

모터의 역할은 강하고 부드러운 어시스트와 높은 효율의 회생, 아이들링 스톱 시의 시동 모터로 작동하는 것이다.

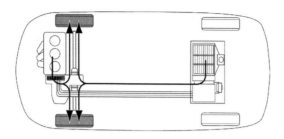

발진 시나 가속 시에는 엔진과 모터로 구동한다. 통상 주행이 되면 엔진만으로 구동한다. 아이들링 시에는 엔진이 정지한다.

출력은 10kW이고 모터만으로 주행하는 일은 없다. 저속에서는 엔진 토크를 보조해서 가속성을 향상시킨다. 최대 토크 5kgm를 1000rpm에서 발생하므로 모터가 담당하는 비율이 크다.

3기통 엔진이라 진동이 커지는데 모터가 플라이휠 역할을 해서 그것을 억제하는 효과도 있다.

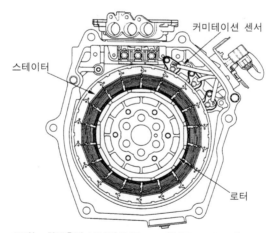

모터는 최고출력 10kW/4000rpm, 최대토크 49Nm/1000rpm이다.

◇ 배터리

모터 구동용 배터리는 파나소닉 EV 에너지에서 제작한 니켈 수소 배터리이다. 6개짜리 1셀을 20개 탑재한다. 총전압 144볼트, 중량 약 20kg이다. 모터 출력이 작으므로 배터리를 소형화시킬 수 있다. 프리우스의 절반이다.

배터리 용량을 확인하면서 모터 구동과 감속 에너지 회생을 컨트롤하는 컴퓨터와, 모터의 드라이브 회로에 채용한 고밀도 집적 인버터 등이 파워 컨트롤을 실행하고, 구동용 배터리와 차량용 배터리 전압을 제어하는 DC-DC 컨버터에 공랭식을 채용해서 소형화를 추구했다.

인사이트는 2인승이라 뒤에 배터리를 실어도 큰 문제는 없지만, 원통형 모듈이라 공간 효율성은 높지 않다.

144볼트 니켈 수소 배터리, 무게는 20kg

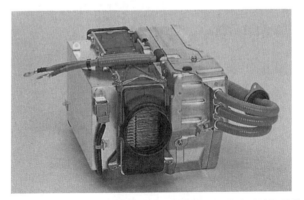

인버터와 DC/DC 컨버터를 일체화시킨 파워 컨트롤 유닛. 냉각 방식은 공랭이다

● 시빅 하이브리드

인사이트와 같은 IMA 시스템을 채용한다. 박형 모터를 엔진과 동축에 장착해서 엔진의 파워를 보조한다. 인사이트와의 차이는 1.3리터 4기통 가솔린 엔진이라는 점이다.

◇ 엔 진

핏트에 탑재되는 1.3리터 직렬 4기통 SOHC 2밸브를 하이브리드용으로 개량한 것을 사용한다. 레귤러(저옥탄) 가솔린 사양이면서도 10.8이라는 고압축비를 실현하고 있다.

형식명은 LDA-MF3이고, 점화기구는 i-DSI(Dual & Sequential Ignition)이다. 이것을 린 번 사양으로 해서 연비 향상을 도모한다. 최고출력 63kW(86ps)/5700rpm, 최대토크 119Nm(12.1kgm)/3300rpm이다.

자동차가 정지하더라도 엔진은 정지하지 않는다. 정확하게는 3개 기통이 휴지하고 1개 기통만 작동한다.

흡배기 밸브를 구동하는 로커암은 밸브 리프트용과 휴지용 2개로 구성되어 있는데, 통상 시에는 싱크로 피스톤으로 2개의 로커암이 연결되어 있다. 자동차가 감속 상태가 되면 싱크로 피스톤이 로커암 안으로 격납되면서 두 개의 로커암이 분리되어 밸브가 휴지 상태에 들어간다.

밸브가 정지하면 실린더 내부가 밀폐 상태가 되고, 4개 기통 중에서 3개 기통이 휴지한다. 이로서 감속 시의 엔진 저항이 감소하는데, 인사이트 IMA 보다 50% 줄어들었다고 한다.

린 번Lean Burn 엔진의 취약점인 NOx는 린 번 대응 NOx 흡착형 촉매장치를 장착해서 대처하고 있다. 삼원촉매에도 고밀도 900셀 타입을 사용해서 '초-저배출가스' 인정차가 되었다.

트랜스미션은 혼다 멀티메틱이라 불리는 CVT를 채용한다. 벨트와 풀리의 조합으로 이루어지는 무단변속 기구로 엔진과 상호 컨트롤을 실시해서 효율적인 연비 성능과 출력 성능을 발휘한다.

그 밖의 모터나 배터리 등은 인사이트의 것과 동일하다.

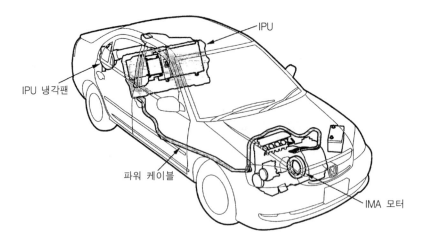

시빅 하이브리드 시스템은 인사이트와 동일한 IMA 방식이다.

1.3리터 직렬 4기통 엔진과 구동 어시스트 모터

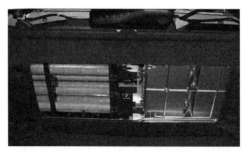

리어 트렁크 룸 사이에 배치된 배터리와 파워 컨트롤 유닛

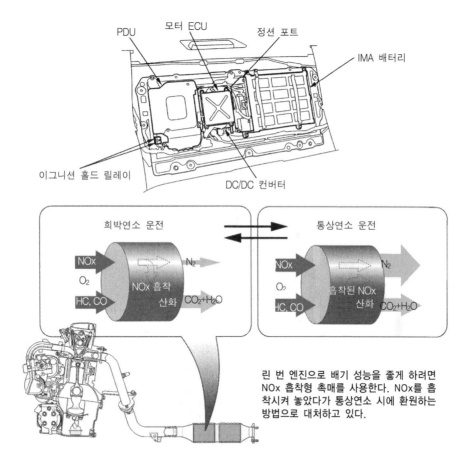

린 번 엔진으로 배기 성능을 좋게 하려면 NOx 흡착형 촉매를 사용한다. NOx를 흡착시켜 놓았다가 통상연소 시에 환원하는 방법으로 대처하고 있다.

■ 스즈키 트윈

2인승 경자동차 트윈을 베이스로 만든 하이브리드 카이다. 배기량 658cc 수랭 3기통 엔진에 영구자석식 동기형 모터를 조합시킨 패럴렐 하이브리드 방식이다.

트랜스미션은 경차로서는 상급인 4단 AT를 채용해서 하이브리드 시스템의 특성을 살린 부드러운 주행을 저해하지 않도록 하고 있다.

트윈의 하이브리드 기구는 아이들링 스톱 기능에 약간의 모터 어시스트가 추가된 내용이다. 출발 시에는 가솔린 엔진과 모터가 작동하고, 통상 주행에서는 가솔린 엔진 단독 주행, 가속이나 등판 시에는 엔진과 모터로 주행, 감속 시에는 모터가 발전기가 되어 회생된 에너지를 배터리에 충전한다.

모터의 구동 보조는 그다지 세지 않다. 모터 어시스트 여부는 계기반 상의 램프를 확인하지 않으면 깨닫지 못할 정도로 부드럽게 전환한다. 60km/h 정도의 순항에서는 이미 모터 어시스트는 해제가 되어 있다. 상황에 따라서는 80km/h 에서도 어시스트할 때가 있다.

2인승 쿠페 트윈은 경량급 스포츠 카라는 인상이 앞서기 쉽지만, 설계 사상적으로는 어디까지나 실용성 위주의 시가지 사용 커뮤터이다. 이는 표준 장착 타이어 사이즈가 135/80R12라는 연비 중시형임을 봐도 알 수 있다.

◇ 엔진과 모터

직렬 3기통 DOHC 4밸브, 최고 출력 32kW(44ps)/5500rpm, 최대토크 57Nm (5.8kgm)/3500rpm 가솔린 엔진을 탑재한다. 표준 가솔린 엔진 모델에 사용되는 것과 동일하다.

3상교류, 영구자석식 동기 발전기 모터는 최고 출력 5.0kW(6.8ps)/1500~4500rpm, 최대토크 32Nm(3.3kgm)/0~1500rpm을 발휘한다.

모터는 엔진과 미션 사이에 있고, 로터는 엔진 크랭크 샤프트와 토크 컨버터와 연결된 상태로 고정되어 있어서 엔진과 똑같은 속도로 회전한다. 모터 외주 부분에 있는 스테이터는 한쪽이 엔진 실린더 블록, 또 한쪽이 AT 미션 케이스에 결합된 상태로 고정된다.

모터는 고온이 되면 트러블 발생 가능성이 높아지므로, 스테이터 두 곳에 온도 센서를 설치해서 규정 온도치 이상이 되면 모터의 어시스트 토크를 제한하고, 아이들링 스톱 기능도 정시시킨다.

모터는 아이들링 스톱 후의 엔진 시동에 사용되고, 감속 시의 에너지 회수용 발전기 역할도 한다. 다만 최초의 엔진 시동은 통상적인 가솔린 엔진과 마찬가지로 시동 모터로 실시한다.

모터를 3기통 가솔린 엔진에 조합시키기 위해서는 트윈의 차체 너비인 1475mm 안에 들어야했다. 모터 본체 34mm, 여기에 2개의 코일을 장착해서 62mm, 회전위치 검출용 센서를 장착해서 80mm가 되었다. 이로서 스즈키가 경자동차용으로 개발한 4기통 엔진 크기와 동등한 길이에 집어넣을 수가 있었다.

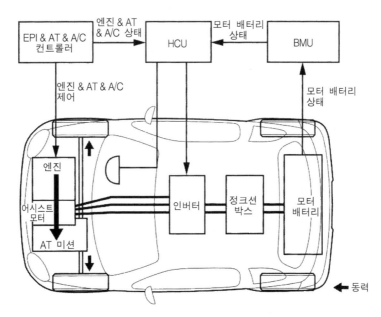

시스템은 모터와 배터리, 하이브리드 컨트롤러(HCU), 배터리 매니저(BMU), 인버터 등으로 구성된다. BMU는 배터리 상태를 감시한다.

◇ 모터 어시스트 제어와 회생 제어

모터 어시스트 제어는 액셀러레이터 개도와 개도 변화량, 기어 위치, 록 업 상태, 배터리 충전 상태와 온도 등을 HCU가 종합 판단해서 어시스트 량을 결정한다. 액셀러레이터 개도 규정치 이하, 배터리 충전 상태 규정치 이하, 배터리 온도 규정 범위 외일 경우에는 어시스트가 금지되도록 제어된다. 회생 제어도 엔진 회전수나 배터리 충전 상태, 온도가 규정치를 벗어나면 작동하지 않는다.

회생 브레이크는 액셀러레이터에서 발을 떼었을 때가 제 1단계, 스톱 스위치가 작동한 상태가 제 2단계인데, 이것은 어디까지나 감속을 기분으로 한 것이지, 브레이크 자체에서 발생한 운동 에너지를 전기로 바꾸는 회생은 하고 있지 않다.

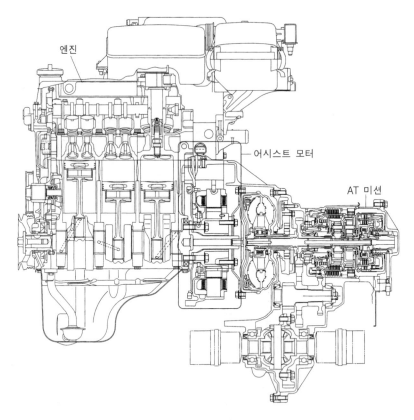

660cc 엔진과 AT 사이에 구동 어시스트용 모터를 탑재하는 하이브리드 시스템

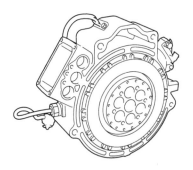

구동 어시스트 모터의 최고출력은 5.0kW/1500rpm. 브레이크 회생 시에는 발전기로 작동한다.

◇ 아이들링 스톱 제어

아이들링 스톱 기능이 작동하는 것은 시프트 포지션 D, 또는 N렌지에서 일정 시간 이상 경과했고, 액셀러레이터 개도가 제로이고, 차속이 규정치 이하이고, 스톱 스위치가 ON일 것이 일반적이 조건이다.

배터리를 보호하기 위해 아이들링 기능을 금지할 필요가 있는데, 엔진이나 미션이 규정 온도에 도달해 있지 않거나, 배터리 충전 상태가 규정치 이하일 경우에는 엔진을 계속 작동시켜 두어야 한다. 또 배터리 온도가 규정치 이상일 경우, 액세서리 장치용 배터리가 규정 전압 이하일 경우, 오르막이나 내리막이라고 판단했을 경우 등에도 금지된다.

아이들링 스톱 중에는 AT의 크립 상태(정지 상태에서 자동차를 전진시키려는 힘이나 오르막에서 뒤로 밀리지 않으려는 힘이 작용하는 것)가 없기 때문에 운전자가 불안해 한다. 그래서 힐 스톱 제어라는 기능이 채용되어 있다.

이것은 브레이크 페달을 밟아서 아이들링 스톱 기능이 작동했을 때의 브레이크 밟는 힘(브레이크 유압)을 엔진 재시동 때까지 유지하다가 엔진이 재시동하면 브레이크 유압을 해제하는 제어이다.

아이들링 스톱 램프

엔진이 정지하면 계기반에 표시가 된다.

◇ 배터리

트윈은 모터사이클용 MF 배터리를 베이스로 개량한 12볼트 실형 납전지를 기본으로 한다.

모터사이클용 12볼트 배터리를 8개 접속한 96볼트 팩 2개를 직렬로 연결해서 192볼트로 모터를 구동한다. 이것을 리어 트렁크 부분에 탑재한다.

배터리 본체는 기본적으로 실드형 무액 타입이지만 발전 시에는 약간의 가스가 발생하므로 이것을 외부로 배출하는 파이프가 마련되어 있다. 배터리 온도를 감시하는 센서도 달려 있다.

배터리는 과방전 상태를 반복하면 수명이 극단적으로 짧아지기 때문에 충방전은 80%~50% 범위의 충전 상태를 유지하도록 제어된다.

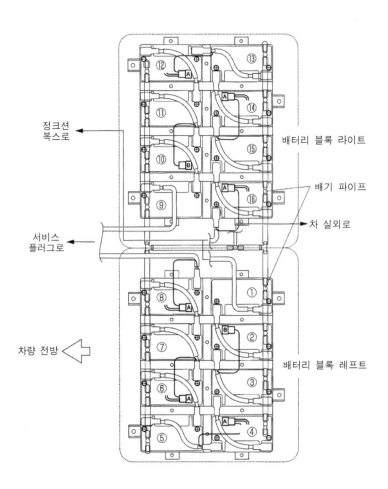

12볼트 납전지를 직렬로 8개 접속해서 하나의 블록을 만들고, 이것을 2열로 해서 96볼트×2=192볼트를 만든다.

5-6 앞으로의 하이브리드 카 동향

승용차 전반으로 보면 하이브리드 카가 차지하는 비율은 압도적으로 작지만 앞으로 점차 증가할 것은 확실하고 그 종류도 다양해질 것으로 보인다. 그러나 단숨에 보급될 것으로는 보이지 않는다. 도요타가 선두를 달리고 있어서인지 일본의 제조사가 개발에 적극적으로 임하고 있으며, 해외 제조사와는 차이가 있다. 불투명한 부분도 많지만 2003년 동경 모터쇼에 전시된 모델을 실마리 삼아 각 제조사의 방향을 탐구해 보도록 한다.

■ 도요타의 새로운 전개

하이브리드 기술 전시에서는 도요타가 가장 활발한 움직임을 보였다. 탑재 차량도 참고 출품자격으로 2대가 준비되었고, 장래적으로 다양한 차종으로 전개할 계획임을 강조하고 있었다.

금방이라도 구체화 될 것 같은 것이 구미 각국으로 수출되고 있는 SUV 해리어의 하이브리드 시스템이다. 에스티마보다 무게가 무겁고 연비 성능이 떨어지는 이쪽 계통 자동차 분야에서 하이브리드를 적용해서 우수한 연비의 자동차를 제공하려는 자세를 보이고 있다.

강력한 주행 성능과 우수한 연비 성능이라는 양립시키기가 어려운 두 조건을 추구하기 위해 선택한 방식은 에스티마나 알파드의 THS-C가 아닌, 프리우스의 THS-Ⅱ이다.

가까운 장래에 시판 계획이 있는 THS-Ⅱ 하이브리드 시스템을 탑재한 SU-HV1

기본적인 목표는 동급 배기량의 가속 성능과 최고속도를 유지하되, 연비를 절반으로 줄이는 것이다. V형 8기통 4.5리터 엔진 자동차와 동등한 파워를 모터 어시스트로 확보한다는 것이다.

엔진은 3.3리터 V형 6기통을 애트킨슨 사이클화 시킨 것이다. 연비 효율을 추구해서 최고 150kW 이상의 출력을 냄으로서 기본적인 파워를 확보한다.

구동을 담당하는 또 하나의 동력원인 모터의 출력은 120kW 이상으로서 프리우스보다 약 2배 강력한 것을 탑재한다. 후륜을 구동하는 모터는 50kW이므로 파트타임 4WD에 가깝다.

강력한 모터로 전륜을 구동해서 가속 성능은 동급 가솔린 자동차보다 20% 정도 향상된다고 한다. 연비는 10·15모드에서 해리어가 리터당 8km이므로 그 2배인 16km 이상이 된다는 셈이다.

V형 6기통 3.3리터의 비교적 큼직한 엔진과, 출력을 올린 모터를 비롯한 하이브리드 시스템을 한정된 엔진 룸의 공간 안에 잘 꾸려 넣었다. 소형화에 상당한 노력을 기울였으리라 여겨진다.

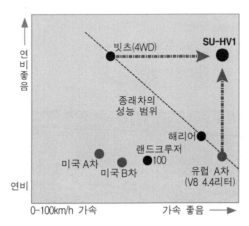

연비와 가속 성능으로 SU-HV1이 발군의 성능을 보이고 있음을 알 수 있다.

기본적으로 THS-II와 동일한 시스템이지만 엔진이나 모터의 출력이 크게 다르기 때문에 제어 시스템도 그에 걸맞은 것이 채용되었다.

또 한 모델인 CS & S는 컨버터블 2플러스2 스포츠 카이다. 주행성과 경제성을 양립시키려는 하이브리드 카라면 이런 차량에 시스템을 적용하는 것도 훌륭한 제안이 될 수 있다는 판단으로 참고 출품한 것으로 보인다.

FF인 프리우스와는 달리 CS&S는 미드십 탑재이다. 여기에 프런트를 모터로 구동하는 4WD이다. 도요타의 미드십 MR-S와 마찬가지로 프런트에서 파워 트레인을 평행 이동시키듯이 레이아웃했다. 2플러스 2로 해서 미드십이면서도 보통 가솔린 엔진 자동차 정도의 공간으로 완성시켜 놓았다.

발표된 데이터에 따르면 최고속은 205km/h, 0-100km/h 가속 8.6초. 경량급 스포츠 카로서 나쁘지 않은 성능이다. 물론 이런 수치 말고도 10·15모드 연비는 리터당 33km이다.

시스템이 잘 보이도록 모터쇼에 전시되었던 SU-HV1

직렬 4기통 1.5리터 엔진은 프리우스와 동일한 것으로 보인다. 하이브리드 시스템의 강력한 동력 성능을 주장하고 싶어하는 것이겠지만 다소 단순하다는 생각도 든다. THS-II로 구체화된 엔진은 모두 애트킨슨 사이클이며, 모터쇼에서 3.3리터가 추가됨으로서 3개 클래스가 나뉘게 되었다. 미국으로 하이브리드 카를 수출한 다면 사이즈가 비교적 큰 3.3리터 클래스가 추가됨으로서 다양해진다.

앞으로도 시스템의 진화는 멈추지 않을 것이다. 모터와 엔진의 성능 향상을 추구 하면서 시스템의 소형화, 배터리 출력 성능과 에너지 밀도 향상, 제어계 고도화 등 도 진행될 것이다. 문제는 제작비 삭감과 기술 진화의 속도이다.

V형 6기통 3.3리터 엔진과 구동용 모터 등의 시스템이 아담하게 정리되어 SUV로서의 공간 효율은 나쁘지 않다. 엔진의 출력은 150kW 이상이다.

리어는 모터로 구동하는 전기식 4WD이며 프로펠러 샤프트가 필요 없다.

THS-Ⅱ 하이브리드 시스템의 CS&S. 동력성과 경제성의 양립을 어필하게 위한 컨셉 카이다.
전장 3940mm, 전폭 1800mm, 휠베이스 2550mm이다.

프런트를 별도의 모터로 구동하는 4WD 방식이다.

THS-Ⅱ 시스템은 미드십으로 배치되었다.

■ 주목받는 스바루의 시스템

SSHEV(시켄셜 시리즈 하이브리드 전기 자동차)가 스바루 부스에 전시되어 있었다. 새로운 방식의 하이브리드 시스템으로서는 2003년도 모터쇼에서 유일한 존재였다. 프리우스와는 완전히 다른 독자적인 제안이다. 모터를 구동력으로 사용하는 영역이 넓다는 점에서 시리즈 방식이지만, 강력한 가속을 필요로 할 때에는 엔진 출력을 모터가 어시스트하는 패럴렐 방식으로 작동한다.

히타치 모터가 스바루 수평대향 4기통 엔진과 동축에 연결되어 있고, 엔진과 트랜스미션 사이에 발전기가 있다. 2웨이 클러치를 내장한 트랜스미션 옆에 모터가 있고, 4WD 트랜스퍼까지 일체식으로 되어 있다. 이 시스템 전체는 보통 가솔린 자동차의 파워 유닛과 동등한 크기로서, 현행 레가시 등에 그대로 탑재가 가능하다.

모터는 10kW짜리 영구자석형 교류 동기 방식으로서 시속 80km까지 모터만으로 차륜을 구동한다. 시가지 주행에서는 거의 모터만으로 달릴 수 있다. 가속이나 언덕길에서는 엔진이 어시스트한다.

발전기로도 기능하는 모터는 50kW 출력으로 엔진을 강력하게 보조한다. 인버터는 히타치 제품이다.

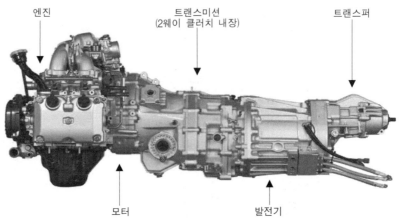

| 엔진 | 트랜스미션
(2웨이 클러치 내장) | 트랜스퍼 |

모터   발전기

스바루 SSHEV(Sequential Series Hybrid Electric Vehicle). 강력한 모터를 탑재해서 저중속역은 모터만으로 주행할 수 있다.

엔진은 수평대향 4기통 SOHC 2.0리터를 사용한다. 레가시 등에 탑재되어 최고 출력 103kW(140ps)/5600rpm, 최대토크 186Nm(19.0kgm)/4400rpm를 발휘하는 EJ20형 엔진이다. 엔진 출력을 중시하기 때문인지 특별히 연비 성능을 위한 세팅 변경은 이루어지지 않을 듯하다.

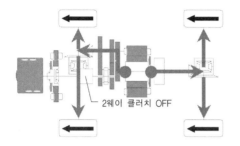

① 시리즈 모드(모터 주행) : 약 80km/h까지는 모터 동력으로 주행. 이 때에 엔진은 클러치에 의해 구동계통에서 분리되어 있다. 충전이 필요해지면 자동적으로 엔진 시동이 걸리고 효율성이 높은 영역으로 발전기를 구동해서 충전한다.

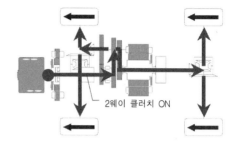

② 엔진 모드(하이 기어) : 엔진이 제 성능을 발휘하는 고속 영역에서는 2웨이 클러치를 연결해서 모터에서 엔진으로 동력이 전환된다. 전환될 때의 충격은 클러치 기구에서 흡수하므로 거의 발생하지 않는다고 한다.

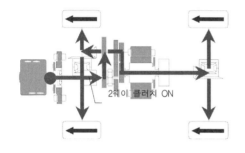

③ 엔진 모드(로우 기어) : 스포츠 주행을 반복할 경우 등 엔진 구동력을 주로 사용해서 달릴 때에는 로우 기어로 시프트해서 엔진의 강력한 구동력을 얻을 수 있다.

④ 패럴렐 모드(엔진+모터 주행) : 일시적으로 강력한 가속이 필요할 경우에는 대출력 모터를 엔진이 어시스트해서 강력한 구동력을 얻을 수 있다. 대출력 엔진과 고성능 엔진의 조합에 의한 조속은 강력하다고 한다.

중속 영역을 모터가 담당하는 관계로 트랜스미션은 2단 변속을 채용해서 소형화를 추구하고, 속도가 올라 모터에서 엔진으로 구동력이 바뀌는 시점에서의 충격을 피하기 위해 2웨이 클러치를 사용했다. 하이기어로 경제적인 주행을 하는 모드와, 스포츠 주행에서 엔진의 구동력을 최대한 발휘하고 싶을 때에는 로우기어로 시프트함으로서 운전자의 기대에 답한다.

배터리는 NEC와 후지 중공업 공동설립 'NEC 라밀리온'이 개발한 자동차용 망간계 리튬 이온 배터리를 사용한다. 전극과 절연체를 상호 적층하는 라미네이트 구조로 해서, 셀 cell 전극에 신개발 소재를 사용함으로서 에너지 밀도와 출력 밀도를 높이고 있다. 자기 방전에 의한 손실도 작아서 소형 경량으로 만들 수 있다. 3배터리는 6볼트 셀을 8개로 해서 288볼트이다.

SSHEV 주행 모드는 모터 주행 시리즈 모드, 하이기어 엔진 모드, 로우기어 엔진 모드, 모터를 엔진이 어시스트하는 패럴렐 모드 등 4가지가 있다. 패럴렐 모드에서는 강력한 모터를 2.0리터 엔진이 어시스트하기 때문에 그 가속은 상당한 수준이다. 스바루다운 주행성능을 희생하는 일이 없다.

최고속은 200km/h 이상이라고 하며, 연비는 가솔린 엔진에 비해 40% 정도 향상된다고 한다. 연비 성능과 배기성능을 좋게 하면서도 액셀러레이터 조작에 리니어하게 반응하는 필링을 중요시한 개발이 이루어진 듯하다. 제어 시스템은 후지중공업이 개발하는데, 지금까지 배양한 4WD 기술과 최신 기술을 구사해서 적극적으로 개발을 추진할 것이라고 한다.

■ 혼다 IMA 방식의 진화

모터쇼에는 주력 엔진과 함께 시빅용 IMA 유닛이 전시되어 있었고, 이 시스템을 진화시킨 파워 유닛을 탑재하는 계획의 경량급 스포츠 카 IMAS가 참고 출품되어 있었다.

IMAS가 어떤 식으로 진화되어 있었는지 실마리를 찾지는 못했지만 주동력으로 엔진을 사용하는 타입인 IMA 시스템의 연장선 상에 있는 것으로 추정된다. 도요타는 THS-Ⅱ라는 진화된 시스템을 이미 실용화시키고 있고 그 진화 과정이 선명하다. 모터 성능의 대폭적인 향상으로 전기 자동차로서의 진화를 이룩하고 있다.

혼다의 하이브리드 시스템은 전지자동차로서의 기능은 그다지 크지 않으므로 기존의 IMA를 진화시킨다고 한다면 연비 성능과 동력 성능 향상의 상당한 부분을 엔진 자체의 진화에 의존하는 형식이 될 것이다. 그것이 어느 정도인지 현재로서는 확인할 길이 없지만 전기 자동차로서의 성능 향상 가능성과 비교하면 상당한 어려움이 있을 것으로 예상된다. 그런 방향으로 브레이크 드루가 있다고 한다면 현재의 가솔린 엔진의 가능성을 넓히는 것이기도 하므로 그에 대한 기대는 크다고 할 수 있지만, 그리 쉽지만은 않을 것이다.

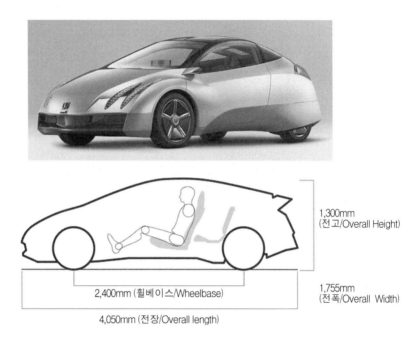

1,300mm
(전고/Overall Height)

2,400mm (휠베이스/Wheelbase)

1,755mm
(전폭/Overall Width)

4,050mm (전장/Overall length)

혼다의 컨셉 카 IMAS. 자전거 감각의 상쾌함을 실현하는 스포츠카를 추구했다고 한다. 차량 중량 700kg, Cd치 0.20이 저연비를 실현하고 있다.

참고 출품된 스포츠 카 IMAS는 연비가 리터당 40km에 달한다고 호언하고 있었는데, 그 컨셉은 누가 보아도 인사이트의 발전형이다. 차량 중량 700kg, 공기저항 계수 Cd치 0.20 이란 수치는 스포츠 카로서의 성능을 추구했다기보다는 연비 절감을 위한 방향이라고 봐야 옳다. 가령 차체는 초경량, 고강도 카본으로 제작되어 있다. 이것은 F1 차체에나 사용되는 소재로서 양산하기에는 힘들다. 경량화를 위해 더욱 고급 소재를 사용한 것이다.

그런 의미에서는 하이브리드 시스템의 보급이 아니라 스포츠 카로서의 성능 추구와 하이브리드 성능 추구를 실험적으로 시도한 컨셉이다. 모터쇼의 참고 출품으로 가장 어울리는 형태일지도 모른다.

가솔린 엔진의 진화, 디젤 엔진 개발, 하이브리드와 연료전지 등 근미래 동력 개발, F1에서의 우승 등을 추구하는 혼다의 기술자는 수많은 과제를 안게 되어 매우 바쁠 것이다. 기술력과 기업으로서의 체력, 그리고 방향성이 중요한 시점이다.

인테리어도 경기용 차량을 이미지해서 드라이브 바이 와이어(DBW) 등의 전자제어 기술을 채용한다.

■ 마츠다의 '이키부키' 용 하이브리드 시스템

마츠다 컨셉 카의 하나인 이키부키는 1.6리터 직분 엔진을 사용한 하이브리드 시스템을 탑재할 것이라고 한다. 주행 성능을 추구하는 미래의 마츠다 로드스터의 모습을 구현화 시킨 모델이다. 파워 유닛을 프런트 액슬보다 후방, 즉 차체 중앙에 배치함으로서 하중 배분을 이상적으로 만들고 있다. 현행 로드스터보다 엔진 위치가 뒤로 400mm, 아래로 40mm 이동했다고 하니 주행 성능에 미치는 영향은 상당히 클 것이다.

엔진은 마츠다의 신세대 가솔린 엔진인 MZR 직렬 4기통 직분이며, 자료에 의하면 목표치로서의 최고출력 180ps/7500rpm, 최대토크 180Nm/6000rpm이라고 한다. 혼다와 마찬가지로 엔진을 모터가 어시스트하는 타입의 하이브리드 시스템이다. 엔진이 구동을 담당하는 비율이 크기 때문에 모터 구동용 배터리는 42볼트 납전지이다.

제작비를 낮추면서 저속에서 모터가 어시스트함으로서 가속 성능을 올리고, 아이들링 스톱 기능과 회생 브레이크 시스템으로 연비 성능을 향상시켰다. 모터는 플라이휠 역할도 겸비하므로 플라이휠 자체를 경량화 시킬 수 있었다. 변속기는 6단 MT이다.

수퍼프런트미드십 레이아웃

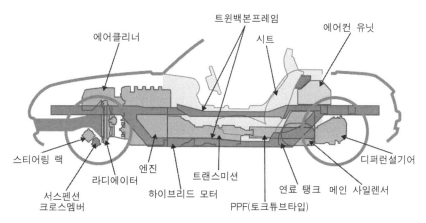

경량급 스포츠카답게 엔진 탑재 위치를 가능한 한 뒤로 이동시키고 있다. 구동 어시스트용 모터에 의한 하이브리드 시스템을 채용한다.

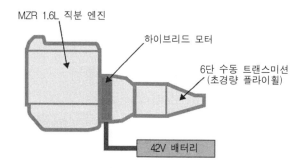

하이브리드 시스템을 미래적인 기구로 받아들이는 것이 아니라, 그것이 갖추고 있는 합리적인 부분을 스포츠 카의 파워 유닛에 활용하자는 발상이다. 도요타나 혼다가 엔진을 연비 우선으로 설정해 놓고, 동력적으로 부족한 점을 모터로 보완하는 방식이라면, 마츠다의 이키부키는 엔진 성능을 한껏 추구하는 것을 기본으로 삼고,

여기에 모터로 엔진을 어시스트 해서 주행 성능을 더 한층 향상시 키려는 것이다. 연비가 좋아지는 것은 자동차 본래의 목적이라기 보다는 부산물로서, 또는 시대적 요청에 대응하기 위해서이다.

하이브리드 시스템의 진화 방향을 제시하는 흥미로운 발상이 다.

■ 다이하츠의 초저연비차

도요타와 제휴하고 있는 다이하츠는 프리우스에 채용된 시스템을 베이스로 경자 동차용 하이브리드 탑재차를 내놓았다. 다른 제조사와 마찬가지로 공력 특성을 추구한 스포츠 카로서, 경자동차 크기의 아담한 차체는 무게 570kg으로 무척 가볍다. 연비는 리터당 60km라는 놀라운 수치를 보인다고 한다.

모델 명은 UFE-Ⅱ, 즉 울트라 퓨얼 이코노미의 약자이다. 수지 컴포짓 차체에 알루미늄을 많이 사용해서 경량화를 추구하고, 공기 항력 계수는 불과 0.19라는 놀라운 수치이며, 타이어를 가는 것을 채용해서 구름 저항을 철저하게 줄이는 등 차체 쪽의 연비 삭감 노력은 참으로 대단하다.

경량급 스포츠 카에 하이브리드 시스템을 탑재해서 초저연비를 추구하는 다이하츠의 컨셉카 UFE-Ⅱ.

　엔진은 2003년에 모델 체인지를 감행한 미라에 탑재된 직분 직렬 3기통 660cc를 애트킨슨 사이클로 개량한 것으로서 연비 우선 세팅이다. 구동용 모터의 출력은 20kw로 경자동차에 걸맞은 성능이며, 발전을 담당하는 전용 모터도 장착하고 있다. 회생 브레이크와 아이들링 스톱 기능도 당연히 채용하고 있다.

　차체 후방에 실린 니켈 수소 배터리는 파나소닉 제품이며 초대 프리우스와 똑같은 288볼트이다.

　하이브리드 시스템은 프리우스와 동일하기 때문에 금방이라도 시판이 가능할 것으로 보이지만, 차량 쪽은 상당히 실험적이라 양산하기에는 힘들 것으로 보인다. 따라서 다이하츠가 이 하이브리드 시스템을 어떤 식으로 전개할 지는 예측하기 힘들고, 전례가 없을 정도로 연비 성능을 추구하는 것이 목표라면 시판은 쉽지 않을 것으로 보인다. 경자동차 하이브리드는 아직 시험 단계에 있다고 봐도 좋을 듯하다.

다이하츠의 컨셉카 UFE-Ⅱ는 실내 디자인도 미래적 이미지로 통일되어 있다.

■ 스즈키의 하이브리드 카는

여느 제조사와는 달리 스즈키는 SUV에 하이브리드를 탑재해서 출품했다. 베이스가 된 랜드프리즈는 자연과 공생하는 것을 컨셉으로 삼고 있기에 연비와 배기성능이 우수한 하이브리드가 선택되었다. 이미 트윈을 베이스로 하이브리드 카를 시판하고 있는 스즈키라면 금방이라도 시판 가능한 스타일의 자동차이다.

5단 MT 풀타임 4WD라는 점 외에는 하이브리드 시스템이 어떤 식으로 적용되어 있는지는 밝혀지지 않았다. 그런 점도 포함해서 앞으로도 개발이 이어질 것임을 강조하기 위한 컨셉카로서 전시된 것으로 보인다.

트윈 하이브리드 판매는 보통 자동차와의 가격 차이가 너무 벌어진 것도 있고 해서 판매대수는 그다지 많지 않은 듯하다. 경자동차 분야에서의 하이브리드 카 보급은 더 많은 시간을 지켜봐야 할 것 같다.

스즈키의 하이브리드 시스템을 탑재한 컨셉 카 경 SUV 랜드프리즈

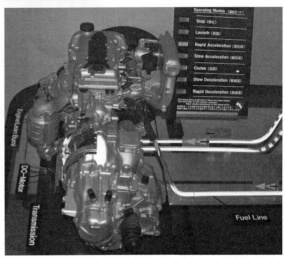

2003년 자동차 기술회전에 전시된 스즈키 하이브리드 시스템

■ 닛산의 하이브리드 카

모터쇼에는 이렇다할 전시는 없었다. 그러나 도요타로부터 하이브리드 시스템을 제공받아 시판하기 위한 개발은 진행되고 있다. 엔진은 닛산에서, 제어 시스템을 포함한 하이브리드 부품은 도요타가 제공한다. 프리우스에 채용된 것과 동일할 것으로 보인다.

닛산 입장에서는 도요타 수준의 하이브리드 시스템을 개발하려면 상당한 자금과 인력, 시간이 필요하고, 도요타 입장에서는 닛산이 자사의 시스템을 구입해 준다면 양산 효과로 제작 단가를 낮출 수 있는 가능성이 커진다.

일본의 유수 제조사가 도요타의 시스템을 채용한다면 그것은 곧 기술적으로 우수하다는 증명이 되고, 하이브리드 시스템의 세계적 표준으로 인정받을 가능성이 커지고, 도요타의 기술력을 과시하는 절호의 기회가 된다.

■ 미츠비시가 나아갈 방향

닛산과 마찬가지로 미츠비시도 하이브리드에 관한 출품은 아무것도 없었다. 그러나 과거의 모터쇼에서 GDI 엔진을 사용한 하이브리드 시스템을 참고 출품한 실적이 있어서 개발은 계속되고 있는 것으로 보인다. 다만 우선은 신세대 엔진과 새로운 직분 엔진 실용화가 급선무라서 하이브리드 기술 개발까지는 여유가 없는 것으로 추측된다. 참고적으로 미츠비시가 제휴하고 있는 다임러 크라이슬러는 하이브리드 카를 참고출품 하고 있었다.

다음 장에서 설명할 연료전지에 관해서는 미츠비시 전기와 다임러 크라이슬러라는 강력한 파트너의 협조를 무기삼아 개발이 진행되고 있는 중이다. 여기서 개발된 기술 중에서 상당 부분은 하이브리드 카에 그대로 적용 이식할 수 있을 것이다.

미츠비시가 하이브리드 카를 시판하기 위해서는 미츠비시의 세단이나 RV 등의 주력 차종을 어떤 방향으로 몰고 갈 것인가라는 관계를 무시할 수 없을 것이다.

제6장
연료 전지차의 특징과 메이커 동향

6-1 연료 전지 시스템의 원리와 문제점

■ 연료 전지 시스템의 이점

환경 대책으로서 배기가스 정화, 에너지 절약 대책으로서 저연비 엔진 개발 등 내연 기관의 기술 혁신은 계속 이어지고 있는데, 동력원의 궁극적인 모습은 역시 연료 전지라고 지목되고 있다.

어째서 연료 전지인가? 그것은 우선 연료 전지의 깨끗함이다. 현재의 가솔린 엔진이나 디젤 엔진은 연료 효율을 아무리 올린다고 해도 일산화탄소 CO의 배출을 제로로 만들지 못한다. 질소산화물 NOx를 배출한다. 하이브리드 시스템을 이용해서 모터와의 공동 작업을 한다 하더라도 역시 배기가스 정화에는 한계가 있다. 배출 가스 제로는 불가능한 것이다.

그 점에 있어서 연료 전지는 수소를 반응시켜 전기를 얻고, 배출물은 기본적으로 물만 나온다. 유해 물질은 전혀 나오지 않는다. 공해를 줄이기 위한 배기가스 대책인 동시에 CO_2에 의한 지구 온난화의 방지 대책이기도 하다.

또 하나는 화석 연료인 석유의 고갈 문제에 대한 대책이다. 유한 자원인 석유는 언젠가는 바닥이 난다는 사실을 각오해야 한다. 장래에 일어날 문제라고는 하나 석유가 완전히 사라지기 전에 공급과 수요의 균형이 깨지면서 과거의 오일 쇼크 파동 이상의 석유 가격 폭등 사태가 일어나 경제 사회에 대혼란이 발생하지 않으리라는 보장이 없다. 이것을 회피하기 위해서는 석유를 대체하는 에너지 원을 확보해야 할 필요가 있는데, 그것이 바로 수소이고, 수소를 활용하는 방법이 연료 전지인 것이다.

연료 전지차의 기본 시스템. 이것은 수소 충전소에서 공급받은 수소로 발전해서 모터를 돌려 차륜을 돌리는 방식이다.

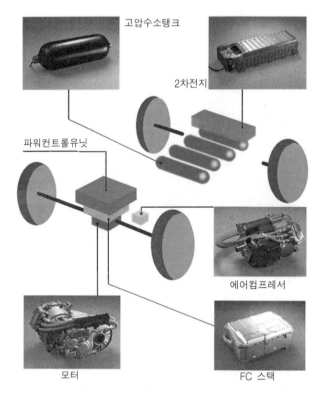

고압수소탱크

2차전지

파워컨트롤유닛

에어컴프레서

모터

FC 스택

도요타의 연료 전지차 시스템과 그 주요 파츠

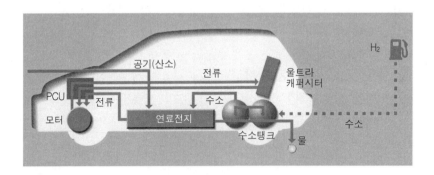

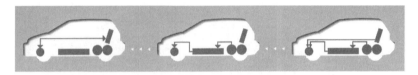

혼다 연료 전지차의 파워 시스템. 아래는 주행 상태에 따른 동력 작동 이미지로서 오른쪽 그림부터 출발 가속시, 완가속 / 크루징 주행, 감속시를 나타낸다.

수소를 얻기 위해서는 여러 가지 방법이 있다. 석유에서 추출하는 방법도 있지만 최종적으로는 자연 에너지에서 생성하는 일이 가능하다. 바로 이 점이 연료 전지가 궁극적인 에너지 원이라고 불리는 이유이다.

연료 전기의 우수한 점은 배기가스가 깨끗하다는 것 말고도 많다. 중요한 것은 재생이 가능하다는 점이다. 가솔린 엔진이나 디젤 엔진은 연료를 한 번 태워버리면 원상태로 되돌릴 수가 없다. 그러나 수소를 원료로 하는 연료 전지는 배출물이 물이고, 이 물을 다시 사용할 수 있다.

이제부터는 재생 가능한 순환형 사회로 발전해야 하는 것이 바람직하며, 이런 방향으로 모든 것이 추진되어야 할 것이다. 이 때에 주역은 수소이다. 수소는 산소나 염소와 달리 산화력이 없다. 독성이 없고 방사능, 악취, 부식성, 수질 오염 등의 걱정이 없다. 발암성도 없다.

원자 번호 1번. 양자 둘레를 도는 전자가 1개인 수소는 우주에서 가장 기본적인 원소이다. 이 수소를 이용하는 것이 자연 섭리에 가장 부합된다고 느낄 것이다. 지구는 태양의 혜택을 받아 살아 있다. 그 태양이 수소 덩어리이다. 태양과 수소. 이것이 수없이 어려운 문제를 안고 있는 21세기를 타파할 키워드이다. 그것의 구체적인 해답이 연료 전지이다.

■ 연료 전지는 '전지'가 아니라 '발전기'이다

이미 연료 전지에 관한 화제는 신문지 상이나 TV프로에서 많이 취급되어 일반인의 인식도 많이 넓어졌다. 그러나 처음으로 '연료 전지'란 단어를 듣고 연상되는 것은 무엇일까? 아마 자동차에 실려 있는 배터리나 건전지 등이 아닐까? 그러나 연료 전지란 '전지'가 아니다. 발전기(發電機)이다. 실체를 따진다면 기(機)라기 보다는 기(器), 즉 발전기(發電器)라고 부르는 편이 어울린다.

애당초 연료 전지라는 명칭 자체가 일반인들에게 오해를 불어 일으켜 올바른 인식을 방해한다는 소리가 있다. 퓨얼 셀(Fuel Cell, FC)을 단순하게 번역하면 연료 전지가 되지만 이것은 잘못된 번역이라는 소리도 있다. 퓨얼이란 연료라는 뜻 말고도 에너지를 발생하는 재료라는 의미도 있으므로 '에너지를 낳은 상자', 또는 더 줄여서 '활력 상자'라고 부르는 편이 본래의 의미에 가깝다. 세포라는 뜻이 있는

셀이라는 영어는 그대로 두어 '기전(起電) 셀'이라 하는 것이 적절하다는 의견도
있다. 그러나 이제 와서는 돌이킬 수 없을 정도로 너무 늦었다고 보는 편이 현실이
겠다.

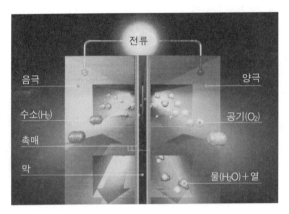

연료 전지 스택의 발전 원리

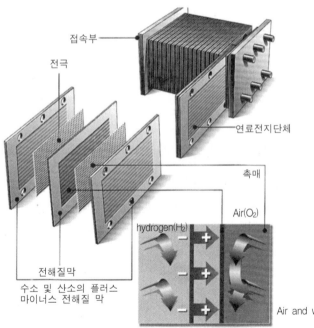

연료 전지는 수소극(마이너스)과 산소극(플러스) 사이의 전해 물질을 한 단위로 해서, 그 체적
층으로 구성되어 있다. 그 표면적이 클수록 그만큼 많은 전기를 발생시킬 수 있다.

그건 그렇고, 아무튼 연료 전지란 어떤 것인지 살펴보자. 일반적인 발전기는 모종의 동력을 사용해서 자석과 코일로부터 '전자적'으로 전기를 발생시킨다. 자동차의 얼터네이터는 엔진 회전을 벨트로 전달해서 발전하고, 자전거의 헤드 램프는 타이어에서 회전력을 얻고 있다. 가정용 전기도 화력, 수력, 원자력으로 돌리는 터빈에서 발전한 것이다.

그러나 연려 전지는 근본적으로 다르다. 수소를 연료(태우는 것이 아니기 때문에 원료라고 부르는 것도 정확한 명칭이 아니다)로 해서 '화학적'으로 전기를 발생시키는 발전기이다. 알기 쉽게 설명하자면 중학교 과학 시간에 실험으로 했던 '물의 전기 분해'를 거꾸로 하는 것이다. 물의 전기 분해에서는 물에 전기를 흘려서 수소와 산소를 발생시켰다. 연료 전지에서는 수소와 산소를 반응시켜 전기를 발생시키는 것이다. 이 때에 배출되는 것은 물과 열뿐이며, 유해 무질은 일체 나오지 않는다.

■ 연료 전지의 종류와 발전 메커니즘

연료 전지에는 여러 종류가 있다. 고체 고분자형(PEFC), 인산형(PAFC), 알칼리형(AFC), 용용 탄산염형(MCFC), 고체 산화물형(SOFC) 등이 그것이다. 이 중에서 자동차용으로 가장 유망하다는 판단으로 각사가 연구하고 있는 것이 고체 고분자형이며 발라드 사가 발표한 것도 이 타입이다. PEM형이라고도 불린다.

이 연료 전지를 예로 들어 전기 발생 원리를 설명하면 다음과 같다. 음극(수소극)과 양극(산소극), 그 사이에 있는 전해질 막의 3요소로 구성된다. 음극에 수소, 양극에 공기(산소)를 보낸다. 수소 원자(H)는 중심의 양자(+전하)와 그 둘레를 도는 하나의 전자(-전하)로 구성되어 있으며, 분자로서는 이것이 쌍(H_2)을 이룬다.

음극의 수소는 전해질 막이 칠해진 촉매의 작용으로 양자와 전자로 나뉘어, 양자는 플러스 이온 상태로 전해질 막을 통해 양극으로 이동해 간다. 한편 마이너스의 전자는 도선을 통해 이것도 양극으로 간다. 여기서 다시 양자와 만나는데 공기 중의 산소와도 반응해서 물($2H_2O$)이 된다. 이 행정에서 전자가 이동하는 것이 전류가 발생하는 원리이다. 이 전기를 동력으로 사용하는 것이다. 반응이 끝난 양극에서는 물과 열이 나온다.

이 장치는 실제로는 얇은 막이 몇 층이나 겹쳐져 있다. 이렇게 전기를 실제로 발생시키는 장치가 연료 전지 스택이라는 불리는 것이다.

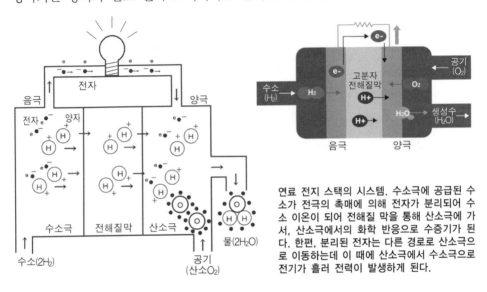

연료 전지 스택의 시스템. 수소극에 공급된 수소가 전극의 촉매에 의해 전자가 분리되어 수소 이온이 되어 전해질 막을 통해 산소극에 가서, 산소극에서의 화학 반응으로 수증기가 된다. 한편, 분리된 전자는 다른 경로로 산소극으로 이동하는데 이 때에 산소극에서 수소극으로 전기가 흘러 전력이 발생하게 된다.

발라드 사가 발표한
연료 전지 스택의 예

■ 연료 전지 시스템의 문제점

연료 전지는 수소를 연료로 사용해서 전기를 만드는데, 단순히 발전하는 것만이 목적이라면 기술적으로 그다지 문제는 없다. 연료 전지의 교재용 모형 킷이 5~6만 엔으로 시중에서 판매되고 있을 정도이다. 다만 자동차에 탑재할 연료 전지 시스템은 쉽지 않다. 도요타와 혼다가 2002년 12월에 리스 판매를 개시했다고는 해도, 자동차 연료 전지 시스템은 아직도 미완성 부분이 많고 해결을 기다리고 있는 문제가 산재해 있다.

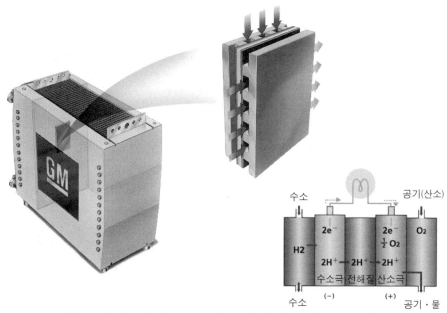

수소   공기(산소)

$2e^-$ $2e^-$ O_2

$H2$ $\frac{1}{2}O_2$

$2H^+$ $2H^+$ $2H^+$

수소극   전해질   산소극

수소   (−)   (+)   공기·물

GM이 개발한 고체 고분자형 연료 전지, 이것이 자동차용에서 주류를 이루는 타입이다.

현 단계에서는 시동성의 문제 때문에 연료 전지차를 한랭지에서 사용하기에는 난점이 있다.

연료 전지 시스템에서 가장 큰 문제는 가격이다. 아직 양산 체제에 들어서 있지 않기 때문에 전체적으로 비싼 점은 어쩔 수 없다고 해도, 그 점을 제외하고도 제작비 면에서 문제가 되는 부분이 있다. 특히 문제가 되는 것이 연료 전지 스택 내부 전극에 사용되는 백금, 이온 교환막 등이다. 막 양쪽에서 각 셀을 구성하는 세퍼레이터도 가격이 비싸다.

백금은 수소 원자가 전자를 방출하기 쉽도록 하는 촉매 작용을 한다. 잘 알고 있듯이 값비싼 귀금속이며, 연료 전지가 본격적으로 양산된다면 전 세계의 백금이 품귀 현상을 빚을 것이다. 그래서 백금을 대체할 물질에 대한 연구가 한창이다.

교환막은 두 전극 사이에 있어서, 수소 이온(전자가 없는 수소 양자)이 이 막을 통해서 이동하는 PEM형 연료 전지의 핵심 부품이다. 발라드(파워 시스템즈) 사의 연료 전지에는 이 교환막에 화학 제조사인 듀퐁 사의 오퍼언이라는 고분자 화합물을 사용한 것으로 유명한데, 이것을 웃도는 성능과 제작비의 제품을 만들기 위해 많은 제조사가 연구 개발을 진행 중에 있다.

교환막은 어느 정도의 습기가 필요하기 때문에 가습을 해주어야 한다. 그래서 겨울철에 물이 얼면 연료 전지가 작동하지 않는다는 결점이 있다. 가솔린 엔진처럼 부동액을 사용하면 해결되는 단순한 문제가 아니다.

연료 탱크에도 문제가 있다. 이미 연료 전지차는 실용 주행 단계에 접어들었지만 연료 탱크 용량은 아직도 작다. 방식에 따른 차이는 있지만 연료 탱크가 너무 커지거나 무게가 무거워지거나, 또는 구조가 복잡해지는 등의 문제가 있다.

6-2 수소 탑재법, 생성법과 그 특징

■ 수소를 탑재하는 방법이란!

연료 전지는 수소를 연료로 전기를 만든다. 그렇다면 그 수소는 어떻게 연료 전지 스택으로 공급되는가?

이동 수단인 자동차의 경우 연료인 수소를 어떻데 실어야 하는가가 문제이다. 크게 나누어 직접 수소를 탑재하는 방법과 수소를 함유한 다른 연료를 탑재해서 그로부터 수소를 추출하기 위한 개질기를 장착하는 방법의 두 가지가 있다.

우선 수소를 직접 탑재하는 방법이다. 이 경우 수소 형태가 기체(압축 수소 탱크)냐, 액체(액화 수소 탱크)냐, 혹은 수소 흡장재를 쓸 것이냐에 따라 다르다.

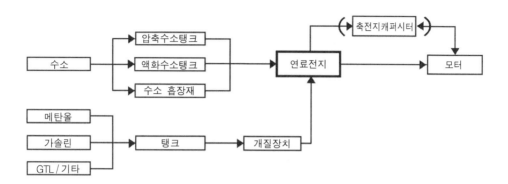

연료 공급 방법은 수소를 직접 차량에 탑재한 후 이것으로 발전하는 방식과, 메탄올 등 탄화
수소계 연료를 탑재하고 개질기로 수소를 만들어 발전하는 방식이 있다.

수소는 원소 중에서 가장 가볍고 기체 수소의 에너지 밀도는 가솔린의 3분의 1
정도이다. 그러나 용적당이 아닌 질량당으로 보면 수소는 상당히 높은 에너지 밀도
가 있다. 즉 같은 무게의 수소와 가솔린을 비교하면 수소가 압도적으로 많은 에너
지를 낼 수 있다는 뜻이다. 로켓 엔진 연료로 액체 수소가 사용되는 것도 바로 이
때문이다.

그러나 문제는, 수소는 통상 기상 조건에서는 기체로만 존재한다는 데에 있다.
이 형태로는 에너지 밀도가 낮아서 가솔린의 3분의 1정도이다. 가솔린 연료로 달
릴 수 있는 거리를 수소로 달리자면 엄청나게 큰 수소 탱크를 자동차에 실어야 한
다. 그래서 수소의 체적을 줄여 체적당 중량을 크게 만들 필요가 있는 것이다.

고압수소탱크
기체 수소를 압축해서 저장한다.

수소흡장합금
기체 수소를 합금에 흡장시켜서
저장한다.

액체수소탱크
액체 수소를 −253℃ 이하로 저장한다.

수소 충전소에서 수소를 공급받는 모습

◇ 수소를 압축한다

그 방법 중의 하나가 수소를 압축하는 것이다. 압축 수소 탱크는 25~35MPa(250~350기압)의 압력으로 저장해 놓는다. 압축률을 높이면 내용량을 늘일 수 있으므로 이 연구가 진행 중이다. 최근에는 70MPa가 하나의 목표가 되었다.

압축을 하면 수소는 고밀도가 된다. 그러나 그래도 액체에 비하면 밀도가 낮아서 탱크 용량이 아무래도 커질 수밖에 없다. 가령 혼다 FCX는 156.6리터 고압 수소 탱크를 탑재하고 있는데, 가솔린 승용차의 연료 탱크가 50~60리터인 점과 비교하면 한참 거대한 수준이다.

철제 탱크의 경우는 안전 기준에 있어서 상당한 두께를 확보해야 하며, 그만큼 무거워지는 것도 결점이다. 최근에는 경량 복합 소재를 사용하는 예도 많아지고 있으므로 앞으로의 개량 여지가 남아있다.

압축 수소 탱크의 장점은 탱크 구조가 비교적 단순하다는 점, 그리고 압축에 필요한 에너지도 비교적 적어도 된다는 점 등이다. 현재 개발되고 있는 연료 전지차의 대부분은 압축 수소 탱크를 탑재한다.

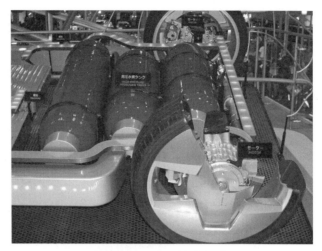

도요타 FCHV5의 고압 수소 탱크

◇ 수소를 액체로 한다

두 번째는 수소를 액화하는 방법이다. 액화를 하면 고압 수소 이상의 높은 에너지 밀도를 얻을 수 있다. 탱크 크기도 작아지므로 탑재하기 쉬워지는 장점도 있다.

다만 수소를 액화하기 위해서는 영하 253℃ 이하의 극저온이 필요하다. 극저온 탱크는 액화 수소가 증발하지 못하도록 외부로부터의 열을 차단해야 한다. 그러기 위해서 보온병처럼 내외 특수강 용기의 2중 구조로 해서 사이의 공간을 진공으로 처리한다.

그러나 내측 용기와 외측 용기의 접속부 등을 통한 열의 침입을 100% 막지는 못한다. 증발해서 기화하는 양이 발생하게 되어있다. '보일 오프'라고 불리는 현상인데, 이 기화된 수소가 탱크 내부 압력을 올리지 못하도록 외부로 배출시켜야 한다. 이로 인한 손실은 1일당 체적으로 약 1~3%라고 한다. 이래서야 장기간 주차를 해놓으면 탱크 안의 수소가 다 빠져나가 버린다.

이 보일 오프는 수소를 액체로 만들 경우 반드시 발생하는 현상이라 이 손실을 원리적으로 없애는 방법은 아직 없는 듯하다. 그래서 액체 수소의 경우에는 이 증발된 수소를 효율적으로 사용하자는 발상이 설득력을 지닌다. 주행 시에는 증발 수소를 연료 전지 가동용으로 이용할 수 있다. 주행하지 않을 때에는 배터리 충전용으로 발전해 두어도 좋다. 정체 구간에서 정지하거나 주정차 시에 엔진을 끄더라도 남아도는 전기로 에어컨을 돌릴 수도 있다.

GM의 연료 전지차가 동경 아리아케에 설립된 수소 충전소에서 수소를 공급받고 있다.

◇ 수소를 흡장시킨다

세 번째 방법은 수소 흡장 합금을 이용하는 것이다. 이것은 '수소 화합 금속'의 물리 현상을 이용하는 것으로서 크게 두 가지가 있다. 하나는 수소를 금속 격자의 공백 부분에 끼워 넣어서 저장하는 방법이고, 또 하나는 수소를 금속과 이온 결합시키는 방법이다. 이 방법은 수소 흡장 금속으로 이른 시기부터 개발되어 왔다. 압력을 가해야 하지만 극단적인 고압이나 초저온일 필요는 없고, 취급이 용이하고 안전성도 높다. 수소 보급은 가압하면서 흡장 금속을 냉각하면서 실시하고, 수소를 방출할 때에는 가열해서 실시한다.

도요타가 개발한 흡장 금속은 동일 체적에 저장 가능한 수소의 양이 액체 수소의 2배라고 한다. 다만 그 저장량에 비해 흡장 금속의 무게가 너무 무겁다는 문제가 있다. 압축 수소는 체적이 문제였는데, 흡장 금속은 중량이 문제다. 또 수소 보급에 걸리는 시간이 다소 길다는 것도 있다.

최근 주목받고 있는 것이 '카본 나노 튜브'라고 불리는 물질이다. 카본, 즉 탄소 원자가 망처럼 연결된 매우 작은 튜브(통) 모양의 신소재인데, 수소 흡장 능력이 매우 우수하다. 수소가 망 사이의 섬유 표면이나 틈새에 흡착되는 것이다. 참고로 '나노'란 10억분의 1 단위를 가리키는 말이다. '밀리'가 1천분의 1이므로, 1나노는

100만분의 1밀리이다.

현재 각 방면에서 카본 나노 튜브의 연구 개발이 활발하게 이루어지고 있지만 실용화에는 미치지 못하고 있으며, 이것을 수소 탱크로 사용하는 연료 전지차도 아직 없다. 그러나 장래적으로는 기대가 크다.

◇ 다른 연료에서 수소를 꺼낸다

수소 대신에 다른 연료를 싣고 그것을 '개질(改質)'해서 수소를 추출하는 방법도 있다. 메탄올과 가솔린이 유력하다. 천연 가스로 만드는 GTL(Gas to Liquid)이라는 액체 연료도 주목을 받고 있다. 가솔린 엔진과 연료 전지 양쪽에 사용할 수 있기 때문에 현 단계에서 이만큼 적절한 연료도 없다고 할 수 있다.

그 밖에도 수소를 추출하는 방법은 많다. 천연가스, LP가스, 석탄가스 등이다. 그 중에서도 석유보다 배출물이 적고 채굴 연수를 오래 기대할 수 있는 천연가스에 거는 기대는 크다. 다만 연료 전지차에 탑재하려면 상온에서 액체이어야 한다. 기체는 민생용 정치식 연료 전지나 급유소에서 개질하는 경우에는 효과적이다.

다임러 크라이슬러나 마츠다는 이미 메탄올 개질 방식으로 도로 주행 시험을 해왔다. 메탄올이란 메틸알코올이며 주로 천연가스로 만드는데, 바이오마스나 폐기물에서 만드는 것도 가능하고, 배기가 가솔린보다 깨끗하다는 장점이 있다. 개질하기가 비교적 쉽다는 점도 이점이다.

한편 도요타와 GM(제너럴 모터즈), 석유 회사 엑슨 모빌이 제휴해서 가솔린 개질 방식을 추진하려는 움직임도 있다. 장점은 지금의 가솔린 주유소 인프라를 그대로 활용할 수 있다는 점인데, 연료 전지차가 보급되어 가는 과정에서의 수소 충전소가 갖춰지지 않은 단계에서는 현실적인 선택이라고 할 수 있다. 가솔린이라 불리기는 하지만 실제로는 CHF(클린 하이드로카본 퓨얼)이라는, 유황분을 함유하지 않는 차세대 액체 연료이다.

그러나 본래 제로 이미션인 연료 전지도 개질 과정에서 반드시 CO가 발생한다는 사실이 있다. 제조사도 이 점은 알고 있다. 그럼에도 불구하고 연료 전지가 유용한 것은 가솔린 엔진에 비교하면 현격하게 깨끗하기 때문이다.

여기에는 연료 전지의 높은 효율성이 기여하는 바가 크다. 가솔린 엔진에서는 에너지 효율이 기껏해야 20%가 한계지만, 연료 전지는 40% 이상이다. 가솔린을 태워서 동력을 얻기보다는 수소로 개질해서 연료 전지로 사용하는 편이 연비도 좋고 배출물도 적다.

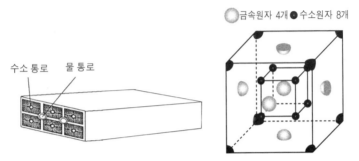

수소 흡장 합금. 왼쪽이 마츠다가 만든 것이고 오른쪽이 도요타이다. 비교적 많은 수소를 흡장할 수 있지만 아직 중량적인 과제가 있다.

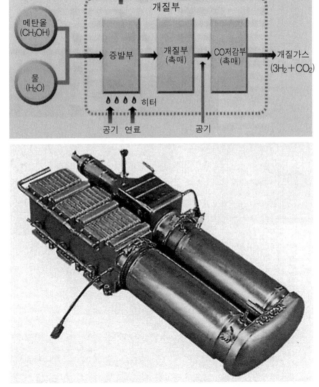

메탄올을 사용해서 수소를 얻는 개질기. 액체 연료라서 취급이 용이하지만 제로 이미션으로 하기가 힘들고, 메탄올의 독성 때문에 현재는 개발을 단념한 제조사도 있다.

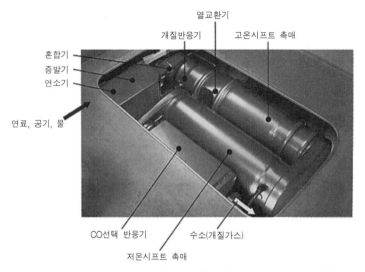

도요타의 가솔린 개질기. 현재 사용하고 있는 가솔린 주유소를 그대로 활용할 수 있다는 장점이 있지만, 개질 과정에서 배기가스가 발생한다는 점과 석유 대체 효과가 없다는 점이 결점이다.

■ 수소 저장 방법은 어떤 것이 유력한가?

도요타와 혼다는 가솔린이나 메탄올 개질형 연료 전지를 테스트해 왔는데, 2002년 말에 리스 판매한 것은 두 제조사 모두 고압 수소 탱크를 탑재한 압축 수소형이었다. 메탄올 개질형을 열심히 개발해 온 다임러 크라이슬러도 최신의 'F-Cell'은 압축 수소형이고, 토쿄가스와 브릿지스톤의 두 회사와 그 사용에 관한 파트너쉽을 2003년에 체결했다. 포드도 2004년에 압축 수소 타입을 판매할 계획이 있다고 한다. 수소 저장 방법에는 여러 가지가 있지만 현 단계에서는 압축 수소 타입이 유력하다고 할 수 있다.

이것은 현재의 연료 전지차 사용이 지역적으로 한정되어 있다는 현실과 무관하지 않은 듯하다. 토쿄, 카나가와 지역에는 수소 충전소가 이미 10여 군데 설치되어 있어서, 토쿄 도내나 카나가와 주변을 달리기에는 아무 불편이 없다. 캘리포니아도 마찬가지인데 수소 충전소가 확보되어 있는 캘리포니아 지역에서는 압축 수소로 문제가 없다.

GM은 2003년 3월에 연료 전지차 '하이드로젠3'를 국토교통성의 인가를 받아 일본 국내에서 도로 테스트를 실시하기 위해 운송회사 페더럴 익스프레스(페덱스)에게 대여했다. 하이드로젠3는 액체 수소형으로서 GM은 액체 수소형에 큰 기대를 걸고 있다.

액체 수소형은 BMW도 열심이다. BMW는 다른 제조사와는 달리 연료 전지가 아닌 내연기관으로서의 수소 엔진을 개발하고 있는데, 그 저장 방법은 역시 액체 수소형을 채용하고 있는 것이다.

압축 방식이든 액체 방식이든 현재의 주류는 수소를 직접 탑재하는 방법이 일반적이다. 개질 타입은 입장이 불리해 보인다. 애당초 개질형의 이점은 수소 충전소 등의 인프라가 갖춰지지 않은 시기에는 연료를 구하기가 쉽다는 데에 있다. 특히 가솔린 개질은 기존의 주유소를 그대로 활용할 수 있어서 인프라가 구비되기 전까지는 효과적인 수단이라고 할 수 있다.

그러나 바꿔 생각하면 개질기를 차에 싣고 다니면서 그때그때 개질하는 것이 좋은 방법 같아 보이지는 않는다. 개질을 하더라도 주유소나 전용 시설에서 대규모로 개질해서, 거기서 얻은 수소를 자동차에 싣는 편이 효율이 좋을 것이다. 이러한 판단이 개질형의 기세를 꺾고 있다고 보인다.

그러나 이것도 수소를 공급하는 수소 충전소 인프라 정비 진행 상황에 따라 뭐라고 잘라 말할 수 없는 면도 있다. 지동차 제조사 입장에서도 너무 성급하게 방향을 굳히기 보다는 현 단계에서 취할 수 있는 대비책을 다양하게 갖춰놓고 있는 편이 리스크가 적다. 도요타는 액체 수소 방식을 보일 오프 문제 때문에 단념한 듯이 보이지만, 가솔린 개질형 개발을 포기한 건 물론 아니다.

형세가 안 좋은 것은 메탄올 개질형이다. GM은 이미 이 방식을 단념했다고 발표한 바 있다. 독성이 강해서 위험하고, 가솔린 개질에 비해 효율이 나쁘다는 것이 그 이유이다. 앞으로는 가솔린 개질에 집중할 것이라고 한다. 포드도 메탄올 개질 개발을 축소할 전망이다.

BMW는 현재 사용하고 있는 엔진에 수소를 연료로 쓰는 방법을 개발하고 있다.

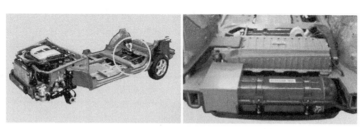

기체 수소를 탑재하기 위해서는 고압으로 하면 에너지 밀도를 높일 수 있다.

■ 수소 생성 방법과 그 종류

수소를 자동차에 직접 탑재하는 방법이라도 그 수소가 어떻게 만들어졌는가가 문제이다. 수소를 만들어내는 과정에서 유해가스가 발생한다면 전체적으로 제로 이미션이 아니기 때문이다. 그래서 요즘에는 'Well-to-Wheel'이라는 개념이 등장했다(9페이지 참조). 에너지의 생성 단계부터 최종 소비 단계까지를 총체적으로 생각하는 것이다. 예를 들어 전기 자동차는 제로 이미션이지만, 그 전기를 화력 발전소에서 만들었다면 그 과정에서 배기가스가 발생했을 것이고, 그렇다면 엄밀한 의미로 제로 이미션이 될 수가 없다는 논리이다.

그렇게 따졌을 때에 최종적인 제로 이미션 해결책은 태양 에너지를 중심으로 하는 자연 에너지에서 수소를 얻는 방법 외에는 없다. 솔라 시스템, 풍력, 수력, 파력, 조력 등이 있다. 그러나 지금 당장 모든 수요를 감당해낼 만큼 자연 에너지 이용이 진보되어 있지는 않다.

현실적으로는 어쩔 수 없이 화석 연료에 의존할 수밖에 없다. 여기서 유력한 것이 천연가스이다. 가능성이 가장 높은 방법은 천연가스를 개질하는 수소 충전소를

231

만드는 것이다. 이런 인프라 설립이 연료 전지 보급에 박차를 가할 것이고, 이것이 다시 인프라를 돈독히 하는 상승 효과가 발생할 것이다.

천연가스 채굴 가능 연수는 석유보다는 길고 앞으로 65년이라는 설도 있지만 장래적으로는 바닥날 날이 머지않았다. 그런데 최근에 메탄하이드레이트라는 물질이 주목을 받기 시작했다. 이것은 물 분자가 메탄 분자를 둘러싸서 슬러시 상태가 된 것인데, '불타는 얼음'이라고도 불린다. 이것이 전 세계의 해저에서 발견되고 있다. 일본 주변에도 현재의 천연가스 일본 국내 소비량의 100년분이 있다고 한다. 이것을 이용할 수 있다면 '일본에는 천연 자원이 없다'는 말이 옛날이야기가 된다. 다만 매장되어 있는 장소가 심해라서 채굴하려면 문제도 많고, 상업화가 되려면 20년 후에나 가능하다는 의견도 있다.

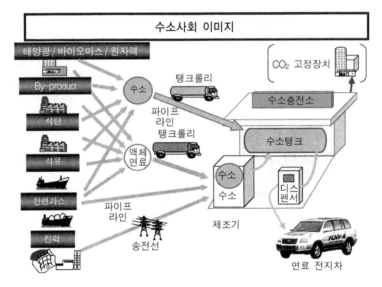

연료 전지차를 포함해서 가까운 장래에는 수소를 에너지 원으로 하는 사회가 성립될 것이다. 여기서 수소를 어떻게 만들어내는가, 또 운반과 저장은 어떻게 할 것인가가 문제가 된다.

■ 수소의 위험성 검증

수소는 폭발 등의 위험성이 있다는 것이 일반적인 인식이다. 일산화탄소 같은 독성이 없다는 것은 알고 있으면서도 폭발에 대한 위험을 느끼는 사람은 많다. 특히 비행선 힌덴부르크의 참사에 대해 알고 있는 사람이라면 수소가 폭발하기 쉬운 물질이라는 이미지가 박혀 있을 것이다.

그러나 후의 원인 조사에서 밝혀진 바에 따르면, 이 사고의 원인은 비행선 외각에 칠해진 인화성이 강한 도료 때문이라고 한다. 선체가 착륙하면서 정전기가 발생해서 인화성 도료에 불이 붙으면서 화재가 발생했다. 외각이 불에 타 파괴되면서 내부의 수소가 공기와 만나면서 급속하게 연소가 진행되어 폭발한 것이다. 즉 일반인의 선입관처럼 비행선 내부의 수소가 자체적으로 폭발한 것이 아니라, 비행선에 발생한 화재가 수소에 인화된 것이 원인이다.

1996년의 우주왕복선 '챌린저'의 폭발 사고도 연료인 수소가 폭발한 것이 아님이 밝혀졌다. 보조로켓 접합부의 패킹 결함으로 로켓의 화염이 메인 탱크와 그 배관을 파괴한 것이 폭발로 이어진 것으로서, 수소 이외의 연료라도 충분히 발생할 수 있는 사고였다고 한다.

가솔린 자동차가 급유할 때에 화재를 일으키는 사고가 종종 있다. 가솔린 탱크에서 가솔린이 소비된 공간은 공기가 메우는데, 이 공기와 기화된 가솔린이 섞여 혼합기가 생성된다. 이 가스는 인화성이 강해서 연료 뚜껑을 연 순간에 외부로 흘러나와 정전기 등의 사소한 계기로 폭발적인 연소를 일으킨다.

이런 위험은 수소에는 없다. 애당초 고압 수소 탱크이건 액체 수소 탱크이건 간에 탱크 안에 공기가 들어있지 않다. 따라서 수소와 공기의 혼합 가스가 탱크 안에 발생할 일이 없는 것이다. 수소만으로는 불이 붙지도 타지도 않으므로 이 상태에서 폭발하는 일은 있을 수 없다.

탱크가 손상되거나 밸브가 망가져서 수소가 새어 나왔을 경우는 어떨까? 수소는 가장 가벼운 기체로서 공기보다 14배 가볍다. 새어 나온 수소는 급속하게 상승, 사방으로 퍼져서 불씨로부터 멀어질 가능성이 크다. 기체 상태의 수소는 에너지 밀도가 가솔린의 3분 1 밖에 안 되므로 불이 붙더라도 여기서 발생하는 열량은 작다. 폭발할 정도까지는 안 된다. 불에 타더라도 유해 가스나 잔류물이 발생하지 않으므로, 이미 가솔린이나 천연가스, LP가스 등의 위험 물질을 취급해온 경험에 비춰봐도 수소가 특별히 위험하다는 근거는 없다. 오히려 이들보다 안전하다고 할 수 있다.

■ **연료 전지차에 대한 사소한 오해**

연료 전지차는 내연 기관과는 달리 연료를 폭발시키는 것이 아니므로 매우 조용하다는 선입관이 있다. 가솔린 엔진이나 디젤 엔진은 소음기를 달지 않으면 배기음이 상당히 시끄럽고, 거기에 비하면 연료 전지차는 조용한 편이긴 하지만, 그렇다고 소리가 전혀 없는 것은 사실이 아니다. 연료 전지를 작동시키기 위해서는 컴프레서로 공기를 스택으로 압송해야 하는데, 그 배기음이 꽤 크다. 그래서 연료 전지차도 소음기를 달아 소음하고 있다.

6-3 연료 전지 시스템의 개발 경과

■ **연료 전지 실용화의 길**

연료 전지는 물의 전기 분해 역순이라서 기본적인 원리는 그다지 어렵지 않다. 영국의 물리학 교수 윌리엄 로버트 글로브가 물 전기 분해 실험 중에 우연히 발견했다고 한다. 1839년의 일이므로 지금부터 160여년 전의 이야기이다. 그러나 이것을 동력원으로 사용하기에는 발전 능력과 비용에 문제가 있어서 실용화는 이루어지지 못하고, 증기 기관이나 내연 기관 등의 그늘에 가려 100여년 이상 잊혀진 존재였다.

연료 전지차가 미국을 중심으로 처음으로 화제가 되었던 것은 1950년대 말에서 60년대 초에 걸쳐서이다. 테일 핀을 달고 크고 화려한 덩치를 자랑하던 미국 자동차는 다음 기술 혁신을 추구해서 내연 기관을 대체할 새로운 동력에 관심을 나타내고 있었다. 마침 항공기가 내연 기관에서 제트 엔진으로 바뀌던 시절이었다. 자동차도 이대로 안주하고 있을 수만은 없다는 분위기가 강했다. 물질적으로 풍요로운 사회가 이룩되면서 드림 카에 대한 관심이 커지고 사람들은 꿈을 좇았다.

가스 터빈이나 원자력 등과 함께 차세대 파워 유닛으로 연료 전지가 후보로 오르게 되었다. 가솔린 엔진은 연료가 바닥나면 주행이 불가능하고, 에너지 효율이 좋지 않다는 등의 이유로 드림 카용 동력으로는 역부족이란 인식이 팽배했다. 연료 전지는 에너지 효율이 좋고, 스스로 발전할 수 있다는 점이 주목을 끌었다. 20세기가 되어 배터리 성능 향상을 위한 노력이 계속되는 한편에서는, 전기 자동차 실용화가 어렵다는 것이 확인되면서 연료 전지 실용화에 대한 연구가 미약하나마 계속되고 있었다.

실제로 연료 전지 시스템을 개발했는지는 의심스럽지만 크라이슬러는 1959년에 '데 소트 세라'라는 수직 꼬리날개를 달고 있는 컨셉 카를 발표했다. 실물 크기는 아니었지만, 네 개의 휠 안에 모터를 장착한 이 컨셉 카는 자동 조종 기능을 갖추고 승객이 편안하게 이동할 수 있다는 미래형 자동차로서의 제안이었다.

1961년에는 '유토피아'라고 이름 붙여진 연료 전지차가 미국의 공업 디자이너에 의해 설계되어 장래의 전망을 제시해서 화제가 되었다. 당연한 이야기지만, 이 당시의 연료 전지차는 실용화하기에는 시스템이 너무 컸다. 1마력을 발생시키기 위한 중량이 11.3kg으로 가솔린 엔진의 1.35kg과는 현격한 차이가 있었다. 1마력을 발생하기 위한 비용은 75달러로 가솔린 엔진의 3달러와도 비교하면 무척이나 비쌌다. 그러나 이 숫자도 실제보다는 낙관적인 것으로 보인다. 1964년에는 GM이 주행 가능한 연료 전지차를 제작했다.

그러나 1960년대에 접어들면서 배가가스에 의한 공해 문제가 대두되고, 일본의 소형차 공세에 시달리게 되면서 풍요로운 미국의 자동차 제조사도 더 이상 꿈을 찾아 헤맬 수만은 없게 되었다. 현실적인 기술 개발에 집중하면서 드림 카의 개발 계획은 자연히 축소되었고, 그와 함께 연료 전지차도 잊혀져 갔다.

그런 연료 전지차가 다시 일반인의 주목을 끌기 시작한 계기는 1965년의 유인 인공위성 제미니 5호에 연료 전지가 탑재되면서였다. 우주 개발에는 막대한 비용이 들기 때문에 제작비가 다소 들어도 문제가 되지 않고, 폐쇄된 우주선에서 물만 배출하는 연료 전지는 전원으로서 큰 장점을 갖추고 있었던 것이다.

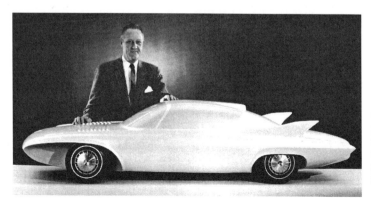

1959년 크라이슬러가 만든 드림 카의 하나인 '데 소트 세라'. 각 휠에 장착된 모터를 연료 전지로 구동하는 방식이었다.

여기에 1989년 캐나다의 벤처 기업 발라드(파워 시스템즈) 사가 고성능 소형 연료 전지를 개발함으로서 자동차용은 물론 민생용, 산업용으로도 연료 전지는 일약 각광을 받게 되었다. 이 발라드 사와 제휴해서 연료 전지차 개발을 개시한 것이 당시의 다임러 벤츠(지금의 다임러 크라이슬러)였다.

■ 연료 전지차의 개발이 시작되다

다임러 벤츠가 1994년에 처음으로 연료 전지차 'NECAR1(네카 원)'을 발표함으로서 자동차 구동에 연료 전지 사용이 가능하다는 것을 입증했다. 3년 후인 1997년에 벤츠 A클래스 소형 승용차를 베이스로 하는 3호째 연료 전지차 'NECAR3'를 발표함과 동시에, '2004년에는 연료 전지 승용차를 생산 시판한다, 2004년에 4만대, 2007년에 10만대 생산한다'라고 선언했다.

그 당시 자동차가 짊어져야 할 환경 문제와 에너지 문제의 해결책으로 연료 전지가 정말로 주류가 될 것인가에 대해서 아직 판단을 내리지 못하고 있는 자동차 제조사가 많았다. 그러나 이 충격은 컸다. 자동차 제조사와 에너지 업계에 커다란 의식 변혁이 일어났다. 동시에, NECAR3에 탑재된 발라드의 연료 전지에 관심이 집중되면서 관련 업체들로부터 기술 제휴 요청이 끊이지 않았다.

1990년대 후반에 이르러 지구 환경 악화가 세계적 규모로 문제가 되면서 자동차 배기 정화를 더욱 추진해야할 분위기가 고조되었다. 일본의 제조사들도 비로소 서두르기 시작했다. 여기에 예전부터 배기 규제에 관해 솔선해서 엄격하게 대처해왔던 캘리포니아 주 정부가 자동차 제조사에 대한 제로 이미션 카 개발을 요구했다.

이러한 배경으로 1994년 4월 '캘리포니아 연료 전지 파트너 쉽(CaFCP)'라는 조직이 결성되었다. 이것은 연료 전지차의 공동 개발과 실증 테스트를 하면서 연료 개발과 공급 체제 정비를 모색하는 공동체이다. 캘리포니아 주가 중심이 되어 발라드, 다임러 크라이슬러, 포드, 쉘, 텍사코, 애틀랜틱 리치필드 등의 기업들로 조직된 것이다. 여기에 혼다와 폭스바겐이 참가했고, 이후에 도요타, GM를 비롯한 많은 제조사가 참가하게 되었다.

연료 전지차에 대한 개발 열기는 한층 뜨거워졌고, 많은 자동차 제조사가 필사적으로 임하게 되었다.

21세기에 접어든 현재, 연료 전지차는 저연비, 저공해의 궁극적인 모습으로 널리 인식되었다. 연료 전지차를 무시하고 자동차 제조사가 21세기를 살아남을 수 없다는 견해가 지배적이 되었다.

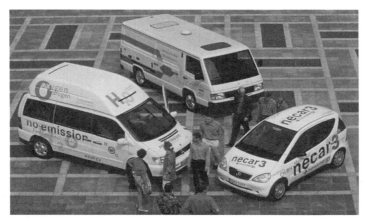

세계 최초로 타임러 벤츠(당시)가 개발한 연료 전지차. 위가 네카1, 왼쪽이 네카2, 오른쪽이 네카3이다. 1994년 네카1은 FC 시스템이 큰 용량을 차지하고 있지만, A클래스 베이스의 네카3에서는 상당히 아담해졌다.

해외 FCV 개발 동향

(JHFC 자료에서 발췌)

제조사	발표년월	차량	연료 타입	보조 전원
GM	1997. 3	Opel Sintra		
	1998. 9	Opel Zafira	메탄올 개질	
	2000. 1	Precept FCEV	수소 흡장 합금	
	2000. 9	HydroGen 1	액체 수소	
	2001. 8	Chevrolet S-10	탈유황 클린 가솔린	
	2001. 10	HydroGen 3	액체 수소	
	2002	Hy-Wire	고압 수소	
Daimler Chrysler	1994. 5	NECAR1	고압 수소	
	1996. 5	NECAR2	고압 수소	
	1997. 5	NEBUS	고압 수소	
	1997. 9	NECAR3	메탄올 개질	
	1999. 3	NECAR4	액체 수소	
	1999. 9	Jeep Commander	가솔린 개질	
	2000. 4	Citaro	고압 수소	
	2000. 10	Jeep Commander2	메탄올 개질	
	2000. 11	NECAR4 advance	고압 수소	

제조사	발표년월	차량	연료 타입	보조 전원
Daimler Chrysler	2000. 11	NECAR5	메탄올 개질	
	2001. 1	Sprinter	고압 수소	
	2001. 12	Natrium	수산화 붕소 나트륨	리튬 이온
	2002. 10	F-Cell	고압 수소	니켈 수소
FORD	1999	P2000	고압 수소	
	2000	THINK FC5	메탄올 개질	
	2002. 3	FOCUS	고압 수소	니켈 수소
PSA Peugeot Citroen	2001	Peugeot HydroGen	고압 수소	
	2001	Peugeot Taxi PAC	고압 수소	

일본의 FCV 개발 동향

(JHFC 자료에서 발췌)

제조사	발표 년월	차 량	연료 타입	보조 전원
도요타	1996. 10	FCHV	수소 흡장 합금	납산
	1997. 9	FCHV	메탄올 개질	니켈 수소
	2001. 2	FCHV-3	수소 흡장 합금	니켈 수소
	2001. 6	FCHV-4	고압 수소	니켈 수소
	2001. 6	FCHV-BUS1	고압 수소	니켈 수소
	2001. 10	FCHV-5	클린 탄화수소계 연료	니켈 수소
	2002. 9	FCHV-BUS2	고압 수소	니켈 수소
	2002. 12	도요타 FCHV	고압 수소	니켈 수소
닛산	1999. 5	르넷사 FCV	메탄올 개질	리튬 이온
	2000. 10	XTERRA FCV	고압 수소	리튬 이온
	2002. 12	X-TRAIL FCV	고압 수소	리튬 이온
혼다	1999. 10	FCX-V1	수소 흡장 합금	니켈 수소
		FCX-V2	메탄올 개질	
	1999	FCX	메탄올 개질	니켈 수소
	2000. 2	FCX-V3	고압 수소	울트라 캐퍼시터
	2001. 9	FCX-V4	고압 수소	울트라 캐퍼시터
	2002. 10	FCX	고압 수소	울트라 캐퍼시터
미츠비시	1999. 10	MFCV	메탄올 개질	리튬 이온
	2003. 9	미츠비시 FCV	고압 수소	니켈 수소
다이하츠	1999. 10	MOVE EV-FC	메탄올 개질	니켈 수소
	2001. 10	MOVE FCV-KⅡ	고압 수소	니켈 수소
후지 중공	2000	삼바 FCEV	메탄올 개질	
마츠다	1997. 12	데미오 FC	수소 흡장 합금	울트라 캐퍼시터
	2001. 2	PREMACY FC-EV	메탄올 개질	납산 (시동용)
스즈키	2003. 10	왜건 R-FCV	고압 수소	

■ 인 휠 모터 등에 의한 자유로운 설계 확대

연료 전지차의 장점 중 하나는 설계상의 자유도가 크다는 점이다. 모든 컴포넌츠를 바닥에 배치하는 일이 가능하고, 종래의 엔진 룸 등을 완전히 없앨 수도 있다.

모터로 구동한다는 특징을 살려 구동 모터를 휠 안에 내장시키는 '인 휠 모터' 방식 시험차량도 많이 등장했다. 인 휠 발상은 상당히 오래 전부터 있었는데, 엔진이 차체 공간을 차지하지 않기 때문에 공간을 자유롭게 낼 수 있다. 전륜에 장착하면 전륜 구동, 후륜에 장착하면 후륜 구동, 4륜에 장착하면 4WD가 된다.

인 휠은 모터가 차체에 없기 때문에 유효 공간 활용도가 높아지지만, 언스렁 웨이트가 증가하기 때문에 승차감이나 조종성에는 악영향을 미친다. 그러나 2003년 9월 브릿지스톤이 획기적인 인 휠 모터 시스템을 발표했다. 모터 자체가 진동 흡수 장치인 다이내믹 댐퍼 기능도 겸비하므로 휠의 진동을 모터가 상쇄함으로서 언스렁 웨이트 증가를 억제할 수 있는 것이다. 덕분에 인 휠 모터 방식을 채용하기가 더욱 쉬워졌다.

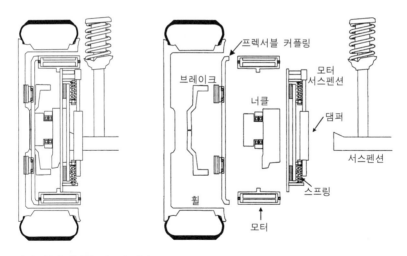

브릿지스톤이 개발한 언스렁 웨이트 증가 문제를 해결한 인 휠 모터 시스템

이런 기술과 더불어 모터의 소형 경량화 등이 진척된다면 단순히 동력원으로의 혁신뿐만이 아닌, 자동차 전체의 패키지도 크게 변화할 것이다.

참고로 GM 등에서는 연료 전지로 발전한 전기를 직접 모터 구동에 사용하는 시스템을 개발했다. 무거운 배터리를 생략할 수 있다는 장점이 있다.

도요타 FCHV처럼 연료 전지와 모터 두 가지 동력을 싣고 있는 하이브리드 카에서는 배터리 탑재가 불가결하지만, 이와는 별도로 전지만으로 모터를 구동하는 FCV와 구분을 지을 수 있다

■ 연료 전지와 수소 사회의 의의

연료 전지는 자동차의 미래에 매우 큰 의미를 가지고 있는 기술이지만, 실은 거기서 끝나지 않는다. 자연 에너지로부터 직접 전기를 얻는 솔라 시스템을 제외하고 현재 사회에서 사용하고 있는 모든 에너지 원을 소수로 대체하는 계획이 이미 진행 중이다. 수소를 연료 전지를 통해 전기로 바꾸어 사용하는 것이다.

각 가정에 연료 전지를 갖춰놓고 전기를 가정별로 만들어 쓰는 것이다. 이미 민생용이나 산업용 연료 전지 개발이 진행 중이고, 자동차보다 오히려 더 일찍 보급될 것이라는 전망도 있다. 당분간은 도시가스를 개질하는 방식이 주류일 것으로 보인다. 제로 이미션은 아니지만 각 가정에 이미 배달되고 있는 것을 사용하는 것이므로 실용성은 높다. 토쿄 가스나 오사카 가스가 연료 전지와 그 주변 인프라에 힘을 쏟고 있는 것도 장래의 수소 사회를 예견하고 있기 때문이다.

당분간은 가솔린이나 천연가스 등 화석 연료에서 수소를 얻는 방법이 주류이겠지만, 언젠가는 태양열, 풍력, 파력, 조력, 소규모 수력 등의 자연 에너지와 바이오 마스로부터 수소가 생성될 것이다.

전력 회사는 여름철 최고 수요에 맞춰 발전 설비를 만든다. 전기는 저장하기가 힘들기 때문이다. 어느 정도는 배터리에 저장해 둘 수 있지만 그 용량에 비해 규모가 너무 커져서 큰 전력 저장은 현실적이지 못하다. 그러나 수소와 연료 전지는 그 문제를 해결해 준다. 남는 전기로 수소를 만들어 놓았다가 필요할 때에 그 수소로 발전하는 것이다. 예를 들어 가정의 솔라 발전기로 낮에 수소를 만들어 놓았다가, 전기가 필요할 때에 수소를 사용해서 연료 전지로 전기를 만드는 것이다. 발전할 때에 발생하는 열을 보일러 대용으로 사용하면 더욱 효율이 좋다.

CO_2를 배출하는 화력 발전이나 방사능 폐기물을 내는 원자력 발전은 머지않아 사라질 것이다. 대규모 발전 설비는 자취를 감추고 각 가정이나 지역마다 소규모 발전이 주류를 이룰 것이다. 에너지의 민주화라고도 할 수 있다. 전기에 대해 전력

회사의 지배를 받는 것이 아니라, 각 가정마다 발전 수단을 갖추게 됨으로서 스스로 관리하게 될 것으로 보인다.

가정용 이외에도 연료 전지는 유망시 되고 있다. 휴대 전화나 개인용 컴퓨터의 배터리를 연료 전지가 대신하게 된다. 실제로 일반 배터리보다 사용 기간이 월등하게 우수한 연료 전지의 개발이 실용화 단계를 앞두고 있다.

수십년 후의 미래에나 존재할 것으로 여겨졌던 수소 사회를 향해 세상은 이미 움직이고 있다. 그 수소 사회의 핵심이 연료 전지인 것이다.

수소, 연료 전지 실증 프로젝트인 JHFC에 참가하고 있는 자동차 제조사들

■ 예측을 불허하는 기술 혁신

연료 전지차가 단숨에 보급되지 못하는 이유는 제작 비용이나 중량, 크기 등을 비롯해서 시동 거는 데에 시간이 많이 걸린다거나, 영하의 추운 날씨에서 시동이 어렵다거나 등의 실용성이 아직 충분하지 않기 때문이다. 그러나 이미 언급했듯이 연료 전지 개발, 인프라 정비 등은 자동차 업계뿐만이 아닌, 수많은 기업, 연구 기

관의 기술자가 열심히 개발을 추진 중이며, 확실하게 진보하고 있다.

일본의 경제산업성도 2010년까지 약 5만대, 2020년까지 약 500만대의 연료 전지차 도입을 목표로 '고체 고분자형 연료 전지/ 수소 에너지 이용 프로그램'을 만들어 다양한 시도를 하고 있다. 그 중의 하나인 JHFC(수소, 연료 전지 실증 프로젝트 : Japan Hydrogen & Fuel Cell Demonstration Project)에서도 일본의 주요 자동차 제조사와 다임러 크라이슬러, GM, 연료를 취급하는 십 수개의 회사 등이 모여, 연료 전지차의 도로 테스트를 통해 다양한 자료를 수집 평가하고 있다.

개발에 대한 기대는 이뿐만이 아니다. 연료 전지의 개발 경쟁은 지금이 시작이다. 문제도 많지만 여기에는 획기적인 기술 진보를 기대할 수 있다. 값비싼 백금 촉매를 대체할 저렴한 물질을 개발하고, 고성능 스택을 만들고, 수소 저장법을 개발하고 등등의 획기적인 발명, 발견이 충분히 예상된다. 금후의 개발 경쟁에서 눈을 뗄 수가 없다.

6-4 일본 메이커의 연료 전지차 개발

일본 제조사의 개발 상황은 세계 최첨단을 걷고 있다고 할 수 있다. 특히 도요타와 혼다는 이미 시판을 개시해서 실용화를 향해 착실하게 위치를 다지고 있다. 닛산을 비롯한 기타 제조사들도 개발 속도를 늦추고 있지 않다. 각 제조사들의 지금까지의 개발 상황에 대해 알아보자.

■ 도요타

일본 최대 자동차 제조사인 도요타도 연료 전지에 대해 일찍부터 착안해서 1992년부터 개발을 시작했다. 다임러 벤츠(현 다임러 크라이슬러)에 이어 1996년 10월에 최초의 연료 전지차를 발표했다.

이것은 이미 발표했던 전기 자동차 RAV4 베이스 차체에 자사 개발한 연료 전지를 탑재한 FCEV였다. 특징은 수소 흡장 합금을 사용했던 점이다. 수소 흡장 능력을 종래보다 2배 높인 것을 도요타가 독자적으로 개발한 것이다.

이듬해 1997년에는 똑같은 RAV4를 베이스로 하면서도 메탄올 개질형을 채용한 연료 전지차를 발표했다. 연료 전지의 최고 출력은 25kW, 교류 동기형 모터는 최고 출력 50kW이다. 니켈 수소 배터리를 갖추어서 감속 시에는 에너지 회생도 한다. 최고 속도 125km/h, 항속 거리는 흡장 수소 합금의 2배인 500km이다.

이 RAV4 베이스 연료 전지차는 당시에는 '연료 전지 전기 자동차'라고 불렸고 FCEV로 되어 있었다. 그후 도요타는 연료 전지차를 FCHV라고 부르게 된다. 연료 전지차는 모터로 구동되지만, 동력원인 전기는 배터리와 연료 전지 두 개를 갖추고 있기 때문이다.

하이브리드란 두 개의 동력원, 일반적으로 내연 기관과 모터/ 배터리를 효과적으로 사용하고, 그것을 관리하는 시스템이 하이브리드의 기본이며, 그 중요성은 연료 전지차에서도 변함이 없다는 것이 도요타의 생각이다.

도요타는 2001년에 독자적인 연료 전지 스택을 사용한 세 종류의 연료 전지차를 연이어 발표했다. 2월에 수소 흡장 합금 탱크를 탑재하는 FCHV-3, 6월에 압축 수소 탱크 탑재의 FCHV-4, 10월에 CHF(클린 하이드로카본 연료) 개질형 FCHV-5가 그것이다.

세 대 모두 SUV 크루거V를 베이스로 하며, 80kW 교류 동기형 모터, 니켈 수소 배터리를 탑재한다. 주요 파츠는 엔진 룸과 차체 후부 바닥에 배치해서 가솔린 자동차 버금가는 실내 공간을 확보하고 있다.

일본 국내 도로 테스트와 동시에 CaFCP(캘리포니아 연료 전지 파트너 쉽)에 FCHV-4로 참가해서 캘리포니아에서도 주행을 시작했다.

도요타는 2003년 중에 연료 전지차를 발표할 것임을 이미 표명했었는데 그것이 앞당겨졌다. 2002년 7월에 갑자기 2002년 내에 발표할 것임을 표명한 것은 연료 전지차 시판 1호로서 세계 최초의 명성을 얻음과 동시에, 도요타의 환경 기술 선진성을 아필하려는 의도였다.

발표 소식을 접한 혼다도 같은 해 안에 판매할 것을 결정하고, FCX 한 대를 동시에 납품했으므로 시판 시기 경쟁은 혼다와 도요타의 무승부가 되었다.

도요타가 납품한 자동차는 고압 수소 탱크를 탑재한 FCHV-4를 더욱 개량한 FCHV이다. 다만 30개월 할부, 월 120만엔의 리스 판매료는 가격적으로 아직도 문제가 크다고 하겠다.

2003년 37회 동경 모터쇼에서 도요타는 인 휠 모터라는 혁신적인 내용의 FCHV 컨셉카 'Fine-N´을 발표했다. 특징은 연료 전지 스택, PCU(파워 컨트롤 유닛), 배터리, 수소 탱크 등 무거운 파츠를 차체 바닥에 배치해서 저중심화, 요 운 동 관성 저감을 노리고 있다는 점이다.

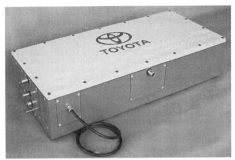

도요타가 자체 개발한 연료 전지 스택

RAV4L을 베이스로 하는 최초의 연료 전지 테스트 차. 수소 흡장 합금을 탑재한다.

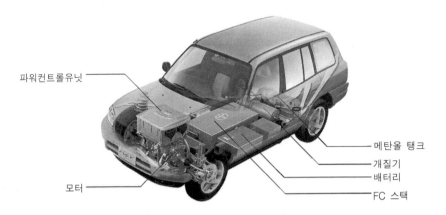

파워컨트롤유닛

모터

메탄올 탱크
개질기
배터리
FC 스택

RAV4L을 베이스로 1997년에 발표한 메탄올 개질형 연료 전지차

PCU는 소형 고효율을 추구했고, FC 스택도 두께 150mm로 얇아졌다. 수소 탱 크는 70MPa의 고압화를 이루어 탑재 동간을 줄였다. FC 시스템의 효율화와 함께 항속 거리 500km를 확보했다.

 4륜 인 휠 모터 시스템 채용으로 4륜의 구동력, 제동력을 독립 제어한다. 1륜당 최고 출력 25kW, 최대 토크 110Nm의 소형 경량 고효율 모터를 채용한다. 언스프링 웨이트 증가라는 단점이 있지만 조향 입력, 차량 상태, 노면 상황 등에 대한 스티어링, 4륜의 가감속을 바이와이어로 최적 종합 통제 가능하다.

 바이와이어 시스템은 조작계와 차량을 움직여가는 액추에이터 사이를 전자 제어로 컨트롤하는 것으로서 차량의 운동 성능 향상을 도모한다. 이로서 새로운 조작감과 컨트롤 성이 우수한 조향 특성을 얻음과 동시에 탁월한 운동성도 실현하고 있다.

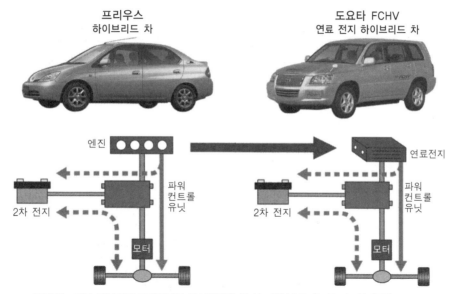

도요타는 연료 전지차도 하이브리드 방식이어야 한다는 신념으로 하이브리드를 뜻하는 FCHV 라는 명칭을 붙였다. 따라서 도요타 FCHV는 프리우스의 발전형이라고 해석하고 있다.

 기계적 접속에 의한 제약이 없으므로 운전자의 체격이나 취향에 맞는 스티어링 위치, 페달 위치의 조정 범위가 넓어졌고, 유닛 배치 자유도가 커져서 자동차의 획기적인 디자인이나 패키징이 가능해졌다.

2001년 3월에 발표한 FCHV-3. 수소 흡장 합금형

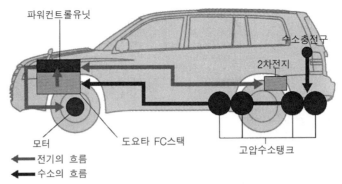

파워컨트롤유닛

수소충전구

2차전지

모터

도요타 FC스택

고압수소탱크

← 전기의 흐름
← 수소의 흐름

2001년 6월에 발표된 FCHV-4. 압축 수소 탱크형

압축 수소형 FCHV-4

가솔린(CHF) 개질형 FCHV-5

2002년 12월에 처음으로 한정 판매한 도요타 FCHV. 베이스는 FCHV-4이며 압축 수소 탱크
형이다.

FCHV-4

FCHV-3

FCHV-5

도요타FC스택

무브 FCV-K-2

도요타 FCHV

FCHV-BUS2

연료 : 천연가스
출력 : 1kW

가정용 연료 전지
코제네시스템

도요타 FC 스택은 도요타 FCHV 외에도 무브 FCV-K-2, FCHV-BUS2, 가정용 시스템에
도 사용되고 있다.

아울러 Fine-N은 연료 전지와 직접 관계는 없지만 '생체 인증 시스템'을 채용한
다. 자동차가 운전자의 얼굴을 인식하는 것인데, 확실한 세큐리티를 보장한다. 또

사전에 입력한 정보로 시트 위치, 오디오, 에어컨 등을 운전자에 맞춰 준다.

2003년 동경 모터쇼에 출품된 컨셉 카 Fine-N

150mm 박형 FC 스택을 바닥에 수납한 Fine-N

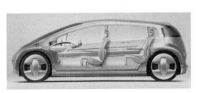

실내 공간 이미지와 컴포넌츠 배치도

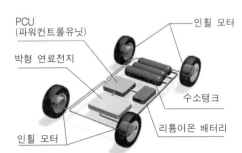

Fine-N 섀시 부분. 인 휠 모터와 컴포넌츠를 모두 바닥에 수납하고 있는 점이 특징

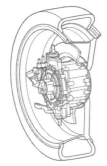

인 휠 모터의 단면도와 시진. 언스프링 웨이트는 증가하지만 공간 효율성이 크고 4륜의 가감속을 자유롭게 컨트롤할 수 있다.

도요타와 히노가 공동 개발한 연료 전지 하이브리드 버스. 2003년 8월부터 도영 버스로 영업 운전을 개시하고 있다.

■ 혼 다

저공해 자동차 개발에서 앞섰던 혼다가 연료 전지차를 처음으로 발표한 것은 1999년이므로 결코 빠르지 않다. 그러나 일에 착수하면 진전이 빠른 것이 혼다이다. 2002년 12월 2일에 도요타와 나란히 리스 판매를 실시했다. 납품한 것은 고압 수소 탱크 FCX로서 내각부에 한 대, 로스앤젤레스 시에 한 대 등 총 두 대이다.

1999년 10월에 혼다는 두 종류의 연료 전지를 탑재한 실험차를 발표했다. FCX-V1은 발라드제 60kW 연료 전지 스택에 수소 흡장 합금 탱크를 탑재했고, FCX-V2는 혼다제 연료 전지 스택에 메탄올 개질기를 탑재했다. 이것을 전기 자동차 EV 플러스에 탑재하고 혼다제 49kW 교류 동기 모터를 사용한다.

2000년 9월에는 FCX-V3를 발표했다. 캐퍼시터라는 축전기를 갖춘 하이브리드 시스템 연료 전지차로서 혼다제 연료 전지 스택과 25MPa 고압 수소 탱크를 탑

재했다. 컴포넌트를 대폭적으로 소형화시켜서 어른 네 명이 탈 수 있다. 2001년 2월에는 CaFCP 도로 테스트에 참가했다.

캐퍼시터는 이미 판매가 이루어진 하이브리드 카 인사이트의 개발 단계 때에도 탑재되었고, 전기 자동차 EV 플러스 기술과 함께 모터 구동이나 에너지 제어 등의 기술이 확립되었다고 할 수 있다.

2001년 9월 혼다는 FCX-V4 발표와 함께 도요타에 대항해서 2003년부터 시판할 것을 표명했다. FCX-V4는 수소 탱크 압력을 35Mpa까지 올려 항속 거리를 180km에서 315km로 늘였고, 각부를 개량해서 시판차 수준으로 다듬었다.

2002년 7월에는 미국 시장에서의 판매에 필요한 EPA(미국 환경 보호국)와 CARB(캘리포니아 대기 자원국)의 인증을 세계 최초로 취득했다. 2002년 10월에 시판용 연료 전지차 발표, 11월에 일본 국토교통대신의 인증을 취득, 12월 2일에 세계 최초의 리스 판매를 미일 양국에서 실시했다.

그 후에도 일본의 환경성과 경제산업성에 한 대, 미국 로스앤젤레스 시에 두 대 납품했고, 2003년 7월에는 민간 기업인 이와타니 산업(주)에도 납품했다. 이와타니는 수소를 취급하는 일본 국내 굴지의 제조사로서 수소 충전 설비 관련으로 혼다와 협력 관계에 있는 회사이다. 차량, 수소 에너지 인프라 쌍방의 정보 수집과 기술 개발 촉진을 노린 것이다.

시판차의 이름은 FCX이다. 내용적으로는 FCX-V4를 더욱 개량한 것으로서 발라드제 스택을 사용한다. 차량 전장이 40mm 짧아졌고, 두 대의 고압 수소 탱크는 156.6리터를 확보, 항속 거리는 40km 연장된 355km이다. 토크가 15% 향상된 모터로 최고 속도도 150km/h가 되었다.

2003년 10월에는 저온 시동성과 소형화가 이루어진 차세대 'Honda FC STACK'을 발표하고 FCX에 탑재해서 도로 시험을 개시했으며 37회 동경 모터쇼에 출품했다.
이것은 실과 일체식인 금속 프레스 세퍼레이터로 스택을 형성함으로서, 종래의 카본 세퍼레이트를 볼트로 고정하는 방식보다 구조가 단순화되었다. 부품수는 약 절반으로 줄었고 출력 밀도는 2배로 올랐다.

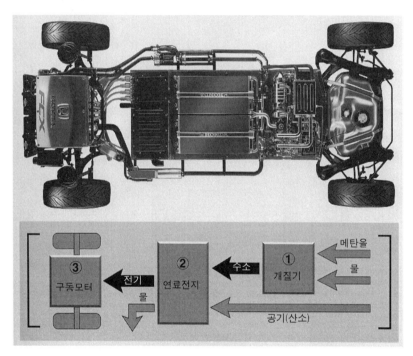

혼다는 1999년 10월에 처음으로 연료 전지차를 발표했다. 연료 탑재 방식이 다른 두 기종으로서, FCX-V1은 수소 흡장 합금 방식(위 사진)이고, FCX-V2는 메탄올 개질 방식이다.

새로이 개발한 알로매틱 전해질 막을 채용해서 종래의 불소계 전해질 막에서는 어려웠던 섭씨 영하 20도부터 95도까지 발전이 가능해졌고 내구성도 올랐다. 이 FCX는 같은 용량의 수소로 40km 연장된 항속거리 395km를 확보했고, 연비도 10% 이상 향상되었다.

1999년 동경 모터쇼에 출품한 연료 전지 컨셉 모델 FCX. 메탄올 개질형이며 전체적으로 아담한 FC 유닛으로 실내 공간 확보에도 공헌하고 있다.

캘리포니아 연료 전지 파트너 쉽에 참가하기 위해 2000년 9월에 발표한 FCX-V3. 압축 수소 방식이며 캐퍼시터를 사용한 하이브리드이다.

2001년 발표된 혼다 FCX-V4   FCX-V4의 파워 유닛

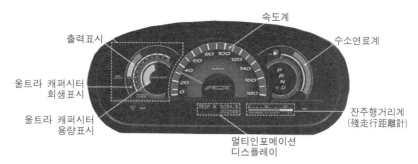

FCX의 멀티 계기반. 에너지 매니지먼트와 회생 등이 표시된다.

이 신형 스택은 특수 재료에서 일반 재료로 전환되는 계기이기도 하다. 장래에 연료 전지차가 본격적으로 보급될 때의 양산성이나 재활용 성 등도 시야에 넣은 차세대형 연료 스택이다.

혼다는 'KIWAMI' 라는 이름의 연료 전지 컨셉 카도 출품했다. 연료 전지의 정화 특성과 일본의 전통 사상이 조화를 이루는 새로운 프레미엄 세단을 제안한다. 단조로운 미학을 추구한 차체에 정숙성과 안전성, 선진 기능화 기술을 접목시켰다. 차체 높이가 낮으면서도 저상화 기술을 구사해서 여유로운 공간을 확보했다.

혼다제 연료 전지 스택, 교류 모터, 차세대 수소 스트레이지(저장고) 등으로 더욱 높은 효율의 소형 시스템으로 진화했다. 그 결과 레이아웃 자유도가 높아져서 컨트롤 유닛과 울트라 캐퍼시터, 스택, 수소 스트레이지 등의 중량물을 중앙에 집중시킨 H형 레이아웃이 가능해짐으로서 저 중심, 저 전고를 실현했다. 구동은 4륜 협조 제어 4WD로서 안정된 핸들링 특성이 가능하다.

FCX 섀시와 컴포넌츠의 배치. 연료 전지 스택은 발라드 제품이다.

다만 차세대 수소 스트레이지에 관한 상세한 발표는 아직 없다.

2003년 10월에 발표된 'Honda FC Stack' 탑재 FCX. 섭씨 영하 20도에서도 시동이 가능하다.

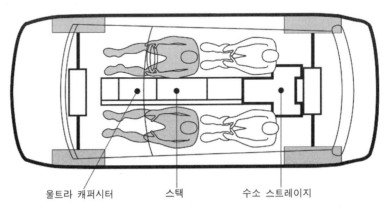

울트라 캐퍼시터   스택   수소 스트레이지

2003년 동경 모터쇼에 출품된 연료 전지 컨셉 카 'KIWAMI'. 무거운 파츠를 중앙에 집중시킨 H형 레이아웃과 저중심, 낮은 전고 등으로 레이아웃 자유도가 넓다는 점을 강조하고 있다.

FCX 섀시와 컴포넌츠 배치

2대 합계 156.6리터의
대형 고압 수소 탱크와
전기를 저장하는 캐퍼시터

■ 닛 산

닛산은 1997년 제 32회 동경 모터쇼에서 처음으로 연료 전지차의 목업을 전시했다. 당시의 닛산은 연료 전지를 전기 자동차(EV)의 연장으로 보고 있었다. '스스로 전기를 만들어서 달리는 전기 자동차'라는 개념이다. 닛산은 리튬 이온 전지와 강력한 자계의 네오딤 자석 동기 모터를 조합시킨 플렐리 EV와 르넷사 등을 이미 판매하는 등 EV에 관한 기대가 컸다.

닛산의 연료 전지차는 메탄올 개질형이다. 수소를 직접 탑재하는 방식은 무게가 무거워지고 수소 취급에 난점이 있지만, 개질형이라면 액체 연료 보급이 수월하고, 그때까지의 EV의 단점이었던 과다한 충전 시간의 문제가 해결된다는 판단에 서이다. 실제 주행 테스트를 거친 르넷사 EV에 발라드 스택을 탑재한 모델도 메탄올 개질형이었다.

2000년에 압축 수소를 실은 X-TERRA FCV를 발표하고, 2001년 4월부터 CaFCP에 참가해서 도로 시험에 들어갔다. 2002년 12월에 압축 수소형 X-TRAIL FCV로 국토교통대신 인증을 취득, JHFC(수소, 연료 전지 실증 연구 프로젝트)의 도로 주행 테스트를 개시했다. 이 FCV는 미국 UTCFC와 공동 개발한 스택을 채용하고 리튬 이온 배터리 2차 전지를 갖춘 하이브리드 방식이다.

1997년 동경 모터쇼에 출품한 연료 전지차의 목업.

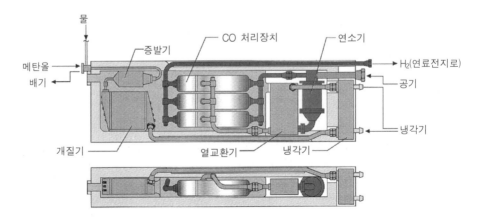

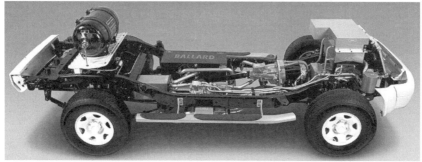

CaFCP에 참가한 Xterra FCV와 그 섀시. 연료는 압축 수소이다.

모터는 감속기 일체형 동축 타입이고 출력은 58kW, 수소 탱크 압력은 35MPa, 최고 속도 125km/h, 항속 거리 200km 이상이다.

2003년 동경 모터쇼에 이 X-TRAIL FCV를 전시해서 개발 의욕을 과시하고 있었다. 닛산은 이 FCV를 2003년 안에 한정 판매할 방침도 갖고 있다.

연료 전지 스택은 기술 이전을 이전받기 힘들다는 이유로, 앞으로는 UTCFC와 공동 개발할 계획이라고 한다. 또, 르노와도 공동 개발을 추진해서 5년간 850억엔

의 연구비를 추자할 계획이라고 한다.

2002년 12월에 일본국내 인증을 취득한 'X-TRAIL FCV' 컷팅 모델. 연료는 압축 수소이다.

모터 컷팅 모델

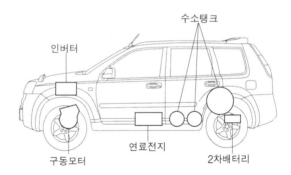

수소탱크

인버터

연료전지

구동모터

2차배터리

프런트의 컨트롤 유닛과 모터부

조수석 아래에 닛산과 UTFC가 공동 개발한
연료 전지 스택이 수납되어 있다.

■ 미츠비시

미츠비시 자동차는 연료 전지 분야에서 뒤처진 인상이 있지만 미츠비스 중공업과 공동으로 개발을 추진해 왔다. 그리고 1999년 메탄올 개질형 연료 전지와 미츠비시 전기제 40kW 영구 자석식 교류 동기 모터를 탑재한 컨셉 카를 발표했다. 구동용 2차 전지로 리튬 이온 배터리를 갖추고, 시스템 전체를 바닥에 배치했다.

그러나 다임러 크라이슬러와 자본 제휴가 이루어짐에 따라 미츠비시 중공업과의 공동 사업은 중단되고 다임러 크라이슬러와 개발을 진행하게 되었다.

다임러 크라이슬러는 포드와 메탄올 개질 방식을 개발해 왔는데, 메탄올 공급 인프라가 갖춰져 있지 않은데다가, 기술이 불안정하다는 이유로 방향을 바꾸어 미츠비시와는 수소 직접 탑재 방식을 채용했다.

그렇게 완성된 것이 그랜디스를 베이스로 하는 FCV이다. 최대 출력 68kW 발라드제 Mk902, 모터 정격 출력 45kW/ 최대 65kW, 2차 전지는 니켈 수소 배터리, 압축 수소 탱크 3대를 탑재한다.

미츠비시는 이 FCV의 인증 신청을 끝내 놓은 상태이고 2003년 JHFC 프로젝트 참가를 표명하고 있다. 다임러 크라이슬러와 다임러 크라이슬러 저팬, 그리고 미츠비시 3사가 프리 테스트 내용을 검토하고 결정해 나아갈 계획이다.

FCV 보수, 점검, 정비는 미츠비시 자동차 테크노서비스(토쿄 도 시나가와 구)에 건설하는 워크샵을 공동 사용할 것이라고 한다.

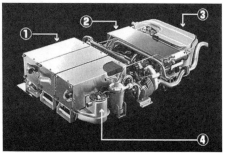

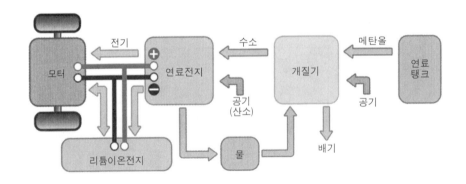

2001년 동경 모터쇼에 전시된 미츠비시의 컨셉 카 'Space Liner'. 여유로운 공간 창조를 연료 전지 시스템으로 실현하려는 것이다.

다임러 크라이슬러와 공동 개발한 그랜디스 베이스의 'MITSUBISHI FCV'. 연료는 압축 수소이다. 우측 사진은 그 컨트롤 유닛이다.

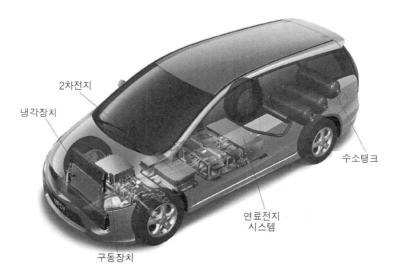

2차전지

냉각장치

수소탱크

연료전지
시스템

구동장치

'MITSUBISHI FCV'의 **투시도**

■ 마츠다

마츠다는 장래의 에너지 원으로 수소에 일찍부터 착안했다. 처음에는 내연 기관 이었지만 1991년에 최초의 수소 로터리 엔진을 발표했다. 연료 전지가 주목 받기 전의 일이었다. 1991년에 발라드로부터 연료 전지를 대여 받아 기초 연구를 시작 해서 이듬해에는 소형 카트를 제작했다.

1997년에는 최초의 연료 전지차 데미오 FC-EV를 발표했다. 이것은 20kW 출 력의 고체 고분자형 연료 전지(PEFC)였고 20kW 울트라 캐퍼시터를 장비하고 있었다. 연료는 수소 합장 합금이다.

1998년 자본 제휴처인 포드가 다임러 크라이슬러, 발라드와 3사 공동 사업을 개시함에 따라 데미오 FC-EV는 출력 50kW 발라드 연료 전지를 채용했다. 시스 템 용적은 20% 작아졌고 최고 속도는 90km/h에서 140km/h로 크게 향상되었 다. 항속 거리는 170km이다.

2001년 2월 포드와 공동 개발한 프리머시 FC-EV를 발표하고 일본 국내 도로 테스트에 들어갔다. 포드 포커스 FCV와 같은 방식의 메탄올 개질형이고, 모든 유 닛을 소형화 시켜 바닥에 수납함으로서 베이스 차량의 기본을 그대로 유지한 채로

5인이 탈 수 있는 실내 공간을 확보했다. 모터 출력은 65kW이다.

마츠다는 그 후 포드 포커스 FCV와 같은 고압 수소 방식 등을 발표하지는 않았지만 수소 공급 방식에 대해서는 다양한 방식을 검토하고 있다고 한다.

1997년에 발표한 데미오 연료 전지차. 연료는 수소 흡장 합금이고, 캐퍼시터를 사용하는 하이브리드이기도 하다.

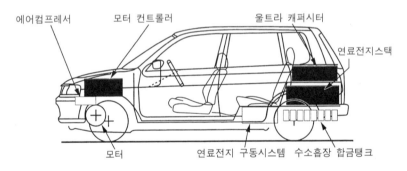

데미오 FC-EV의 시스템 배치 측면도

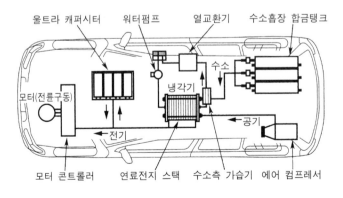

데미오 FC-EV의 시스템 배치 상면도

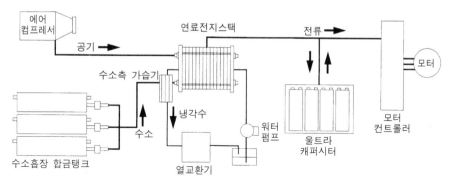

데미오 FC-EV의 시스템 개념도

데미오 FC-EV의 시스템 구성도

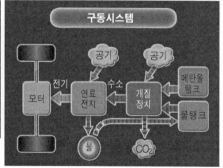

2001년 2월에 포드와 공동 개발한 프리머시 FC-EV를 발표. 이것은 포드 포커스와 같은 방식
의 메탄올 개질형이며, 일본 국내 도로 테스트를 개시했다.

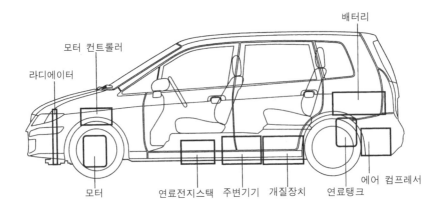

라디에이터　모터 컨트롤러　배터리　모터　연료전지스택　주변기기　개질장치　연료탱크　에어 컴프레서

■ 스즈키

스즈키는 에브리이EV에 연료 전지를 탑재하는 독자 개발을 진행하고 있었는데, GM과의 제휴 관계로 20001년 10월에 기술 상호 협력에 합의했다.

이로서 스즈키의 연료 전기 개발은 크게 진전해서 2003년 10월 경자동차 왜건 R-FCV와 MR왜건-FCV의 두 대를 제작해서 국토교통성의 도로주행 인증을 받았다. MR왜건-FCV는 제 37회 공경 모터쇼에 출품되었다.

MR왜건-FCV는 종래의 엔진 룸에 연료 전지 등 주요 부품을 배치하고, 종래의 연료 탱크 위치인 후부 좌석 밑에 두 대의 고압 수소 탱크(35MPa)를 설치해서 충분한 실내 공간을 확보했다.

연료 전지는 GM제이고 최고출력 50kW, 모터 최고 출력은 33kW/ 최대 토크 130Nm, 최고 속도 110km/h, 순항 거리 130km이다.

스즈키는 이 자리에 '모바일테라스'라는 이름의 컨셉 카를 참고 출품했다. 이것은 연료 전지의 동력 기구를 바닥에 수납한 GM의 '하이와이어 플랫폼'을 베이스로 스즈키가 새롭게 다듬은 자동차로서 '큰 공간을 손쉽게 들어 옮긴다'는 발상에서 탄생했다고 한다.

전장 약 4m의 아담한 차체가 바닥을 넓힘으로서 그대로 '거주 공간'이 된다. 오픈 테라스 모드에서는 인테리어 패널이 이동해서 테이블이 된다. 드라이빙 모드에서는 통상적인 차량 정보를 표시하지만 테라스 모드에서는 게임 등의 오락을 제공해 준다. 동력 기구를 모조리 바닥에 배치한 연료 전지차 특유의 자유로운 설계 레이아웃이 있었기에 가능했던 모델이다.

스즈키가 GM과 공동 개발한 천연 가스 개질형 Covie. 2001년 모터 쇼에 컨셉카로 등장했다.

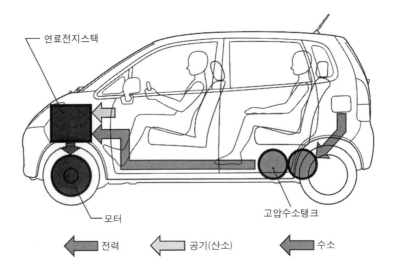

연료전지스택

모터

고압수소탱크

전력   공기(산소)   수소

GM과의 기술 협력 관계로 20003년 10월에 왜건R과 MR왜건 두 대의 연료 전지차를 발표했다.

도로 주행 인증을 취득한 MR 왜건. 연료 전지 스택은 GM제, 연료는 압축 수소이다.

2003년 동경 모터쇼에 출품된 컨셉 카 '모바일테라스'. 시스템 전체를 바닥에 수납할 수 있는
높은 설계 자유도이기에 나올 수 있었던 발상이다.

■ 다이하츠

다이하츠는 전기 자동차는 1965년 이래로 다양한 모델을 시장에 내놓았는데, 연료 전지는 1999년 19월에 발표한 경자동차 무브EV 베이스의 무브EV-FC가 처음이다. 메탄올 개질형 컨셉 카로서 보조 전원으로 니켈 수소 배터리를 싣고 있었다.

그 후 도요타 산하에 들어가면서 2001년 동경 모터쇼에 도요타 연료 전지를 탑재한 무브FCV-K-2를 발표했다. 고압 수소 탱크를 싣고 있었다.

2003년 1월에 두 대의 FCV-K-2가 경자동차로서는 최초로 국토교통성의 도로 주행 인가를 받아 2월부터 주행 테스트를 실시하고 있다. 25MPa 고압 수소 탱크, 항속 거리 120km, 최고 속도 105km/h이다. 보조 전원 니켈 수소 배터리를 탑재하고, 감속 시의 에너지 회생 기능도 갖추고 있다.

모터에 CVT(무단 변속)를 조합해서 주행 성능 향상을 꾀하고 있다. 연료 전지 등의 주요 파츠는 카트리지 식 프레임에 일괄 탑재하는 모듈 구성을 채용, 리어 플로어 아래에 수납하고 있다.

이 연료 전지 경자동차 무브FCV-K-2는 2003년 37회 동경 모터쇼에 출품되었다. 다이하츠는 소형차가 미래에 담당할 시내 커뮤터로 기대를 걸고 있다.

1999년 동경 모터쇼에 출품된 경자동차 최초의 연료 전지차 'MOVE EV-FC'.

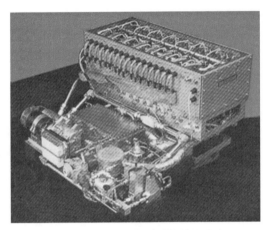

MOVE EV-FC의 메탄올 개질형 연료 전지

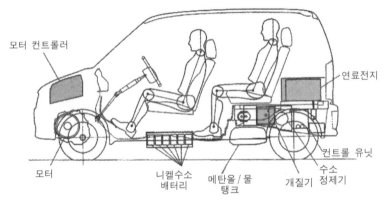

모터 컨트롤러

연료전지

컨트롤 유닛

모터

니켈수소
배터리

메탄올 / 물
탱크

개질기

수소
정제기

시스템 배치 측면도

2003년 동경 모터쇼에 출품된 무브FCV-K-2

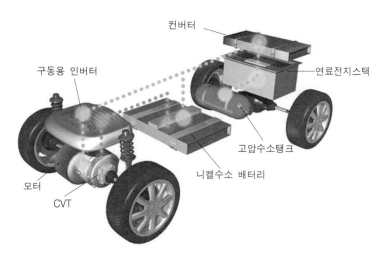

FCV-K-2의 시스템 구성도. 작지만 하이브리드 시스템을 갖추고 있다.

6-5 해외 메이커의 연료 전지차 개발 동향

하이브리드 카 분야는 일본의 제조사만큼 해외 제조사가 힘을 쏟고 있지는 않지만, 연료 전지차에 관해서는 미래의 자동차의 주류가 될 것이 유력시되고 있는 터라 개발에 임하는 자세가 매우 진지하다. 특히 다임러 크라이슬러와 GM이 일찍부터 개발을 추진해 오고 있다. 어던 과정을 거쳐 현재에 이르렀는지를 검증해 보았다.

■ 다임러 크라이슬러

자동차의 동력원으로 연료 전지가 유망하다는 인식을 가장 먼저 갖고 개발에 착수해서 자동차 업계를 이끌어 온 것이 다임러 벤츠(현 다임러 크라이슬러)이다. 이미 1997년에 발라드 파워 시스템즈 사를 축으로 포드를 끌어들여 3사 연합 조직인 발라드 얼라이언을 만들었다. 또 다임러와 발라드의 합작 회사 add 연료 전지 엔진 사(현 엑셀시스)를 설립하는 등 적극적인 움직임을 보이고 있다.

다임러 최초의 연료 전지차 NECAR1은 1994년 5월에 발표됐다. NECAR(네카)란 뉴 일렉트릭 카의 머리글자로 그 첫 번째 모델이란 뜻이다. 베이스 차량은 메르세데스 벤츠의 밴 '트랜스포터'이며, 연료는 압축 수소, 최고 속도 90km/h, 항속 거리 130km였다.

화물 적재 공간은 800kg이나 되는 발전기기들이 점령했고, 앉을 곳이란 운전석과 조수석뿐이었지만 자동차 구동이 연료 전지로 가능하다는 것을 증명했다는 점에서 주목을 받았다.

2년 후인 1996년 5월 NECAR2가 발표됐다. 베이스는 벤츠 'V클래스'이다. 똑같이 압축 수소를 사용하지만 NECAR1에 비해 구동계 전자 장치가 소형화되었고, 출력50kW 연료 전지 유닛을 리어 시트 아래에, 2개의 스소 탱크는 지붕에 탑재했기 때문에 실내 공간은 크게 늘어나 6개의 시트를 갖추고 있었다. 수소 저장량 증가로 최고 속도 110km/h, 항속 거리 250km로 성능 면에서도 크게 향상되었다.

1997년 3월 세계 최초로 메탄올 개질형 연료 전지차 NECAR3가 등장했다. 벤츠 'A클래스' 베이스의 이 모델은 NECAR1이 50kW 발전에 12개 필요했던 연료 전지 스택이 불과 2개로 되었고, 승차인원 2명의 공간도 확보되어 있었다. 다임러는 1997년 12월에 '연료 전지차를 2004년에 4만대, 2007년에 10만대 생산한다'는 충격 선언을 하게 되었고, 이것이 전 세계 자동차 제조사, 에너지 업계의 의식을 크게 바꾸는 계기가 되었다.

1999년 3월에 발표한 NECAR4는 같은 A클래스를 사용하면서도 액체 수소를 채용했다. 샌드위치 구조 플로어 내부에 모든 전원 유닛을 수납함으로서 보통 A클래스와 마찬가지 5명 승차가 가능하다는 것이 큰 특징이었다. 70kW 연료 전지로 최고 속도 145km/h, 항속 거리 450km이다.

2000년 11월 NECAR4a가 등장했다. 이것은 이미 활동을 개시하고 있던 CaFCP(캘리포니아 연료 전지 파트너 쉽)의 주행 테스트용으로 개발된 실험 차량으로 'a'는 'advance'의 머리글자이다.

NECAR4와의 차이점은 액화 수소가 아닌 압축 수소라는 점이다. 이로서 시스템 중량이 3분의 2로 줄었고 점유 공간도 절반으로 줄었다. 연료 전지의 출력은 75kW, 최고 속도 145km/h, 항속 거리 200km이다.

2000년 11월 메탄올 개질형 NECAR3의 후속 모델인 NECAR5가 발표됐다. 연료 전지와 구동 시스템 전체를 플로어 맡에 수납함으로서 NECAR3의 2명 승차가 5명으로 늘었다. 구동 시스템은 크기가 2분의 1, 무게는 200kg 가벼워졌고, 출력은 50% 향상되었다. 가격 대비 성능이 우수한 소재를 사용해서 일반 승용차로서의 실용화를 추구한 모델이었다.

NECAR 시리즈는 5로 끝나고, 2002년 10월에 F-Cell이 나왔다. 이것은 연료 전지차로서는 세계 최초의 양산형 차량이다. 다임러 크라이슬러에 동조하는 기업과 단체의 일상사용을 통해 실용 테스트를 실시하는 'F-Cell 글로벌 프로그램'이라는 국제적 프로젝트가 시작되었다. 일본, 독일, 미국, 싱가폴 등 4개국에 2003년부터 2004년에 걸쳐 합계 60대의 F-Cell을 공급한다는 것이다. 일본에서는 토쿄 가스와 브리지스톤과 파트너 쉽을 체결하고 실용 실증 테스트를 개시했다. JHFC 프로젝트에도 참가하고 있다.

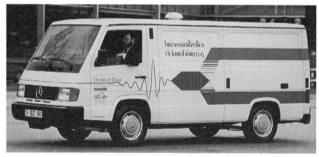

최초의 연료 전지차 NECAR1

수소 탱크 2개를 지붕에 수납한 NECAR2

F-Cell은 압축 수소, 68.5kW 연료 전지, 65kW 모터를 갖추고 있다. 최고 속도 140km/h는 리미터로 제한한 수치이다. 압축 수소는 35MPa, 항속 거리는 150km, 최대 출력 20kW 2차 전지를 장비한다. 에너지 회생 기능은 없다.

NECAR 시리즈 외에도 1997년 시내 교통용 버스 NEBUS(니버스)를 발표했다. 이것은 2002년 10월 후속 모델이자 양산형인 '시타로'로 이어지고, 2003년부터는 유럽 주요 도시 10곳에서 30대가 운행을 개시할 예정이다. 도요타, 히노의 FCHV-BUS2가 토쿄 도에 납품하는 것보다 이른 2003년 5월 시타로 1호차가 마드리드 시에 인도되었다.

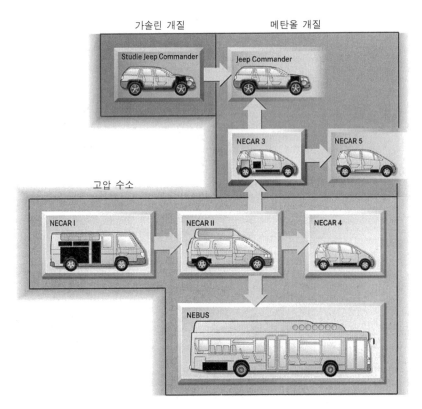

연료 전지 탑재 방법과 발전 방향. 위는 메탄올 개질형, 아래는 압축 수소

2000년 11월에는 SUV 지프 코맨더가 발표되었다. 메탄올 개질형이면서 2차 전지를 탑재하는 하이브리드이다. 또, 2001년에는 스프린터를 독일의 소화물 배송

회사에 납품해서 2년간의 실지 운용을 통한 실증 테스트를 실시했다. 이 방법은 2003년 10월에는 세계 최대 소화물 배송회사인 UPS에도 적용되었다. 스프린터의 연료는 압축 수소, 최고 속도 120km/h, 항속 거리 150km이다.

연료 전지차 개발의 선구자 적 위치에 있는 다임러 크라이슬러는 앞으로도 업계를 리드해 나갈 것으로 보이나, 도요타나 GM 등의 움직임도 만만치 않아 예측을 불허하는 상태이다. 다임러는 메탄올 개질 방식의 기수로 이 방식을 적극 추진해 왔지만, 공해 문제 등을 고려해서 이제는 소극적인 태도를 보이고 있다. 그래도 '다이렉트 메탄올 방식'을 비롯한 폭넓은 연구 개발을 진행 중이다. 지금까지 그다지 적극적이지 않았던 하이브리드 방식을 앞으로 어떻게 풀어 나아갈 지가 주목된다.

왼쪽은 NECAR1의 트렁크 공간. 연료 전지 시스템이 거의 다 차지하고 있다. 오른쪽은 NECAR2. 시스템이 소형화되고 수소 탱크가 지붕으로 이동해서 6인 승차 공간이 생겼다.

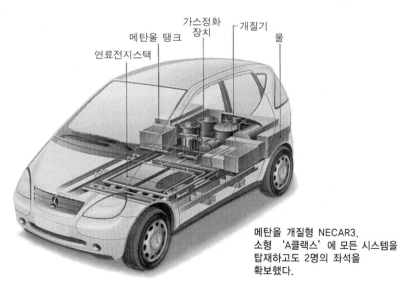

메탄올 개질형 NECAR3.
소형 'A클래스'에 모든 시스템을
탑재하고도 2명의 좌석을
확보했다.

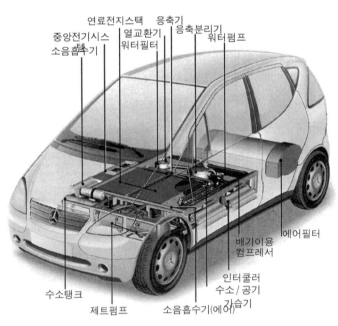

중앙전기시스 연료전지스택 응축기
소음흡수기   열교환기   응축분리기 워터펌프
             워터필터

에어필터

배기이용
컴프레서

인터쿨러
수소 / 공기
가습기

수소탱크

제트펌프

소음흡수기(에어)

액체 수소를 탑재하는 NECAR4. 플로어에 모든 전원 유닛을 수납해서 보통 A클래스와 똑같은 5명 승차가 가능해졌다.

NECAR4의 시스템을 점검하는 엔지니어들

테스트 주행하는 NECAR4

메탄올 개질형 NECAR3의 후속 기종 NECAR5. 양산형에 더욱 가까워졌다.

세계 최초의 양산형 연료 전지차인 'F-Cell'. 연료는 액체 수소
이다.

F-Cell 계기반 둘레

시스템 모듈 박스(가습기/
컴프레서/ 증류수 탱크/ 응축기)   수소탱크(2개)

고전압
배터리(NiMh)

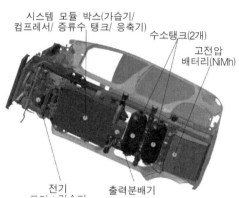

전기
출력분배기

샤시 보디를 밑에서 본 모습

F-Cell 수소 주입구

F-Cell 엔진 룸(왼쪽)과 트렁크 공간

이미 시내에서 운행을 개시한 연료 전지 버스
'시타로'

크라이슬러의 SUV 지프 코맨더는
하이브리드 방식을 채용한다.

소화물 배송회사에서 실증 테스트를 받고 있는 스프린터.

■ 제너럴 모터즈(GM)

GM의 연료 전지 개발은 자동차 동력원으로 연료 전지가 처음으로 화제가 되었던 초창기 1960년대까지 거슬러 올라간다.

GM이 처음으로 연료 전지 테스트를 실시한 것은 1964년이었다. 1968년에 자동차 사상 처음으로 주행이 가능한 연료 전지차를 실험 제작했다. 실험차는 32개의 직렬 접속 연료 전지 블록을 탑재한 소형 밴이다. 연료는 철제 탱크 압축 수소이고 연속 출력 32kW, 항속 거리는 200km에 이르렀다.

전도유망한 성과를 보였던 이 프로젝트는 그러나 계속되지 못했다. 가솔린 가격이 싸고 환경 의식이 희박했던 1960년대 당시의 제반 조건이 연료 전지에게 유리하게 작용하지 못했기 때문이다. 이런 경위 때문에 그 후의 연료 전지 개발에 있어서 GM은 초기에 다소 뒤쳐진 듯 했다. 그러나 독일의 자회사인 오펠과의 공동 개발로 연료 전기 개발이 급속도로 추진되게 된다.

1998년 봄, GM/ 오펠은 GAPC(세계 대체 동력원 센터)를 설립(후에 FCAC ＝연료 전지 활동 센터로 개칭)해서 양사의 개발 작업을 집약적으로 실시하기로 합의한다.

1998년 9월 파리 모터쇼에서 오펠 자피라를 베이스로 한 최초의 주행 가능 실험 연구차를 발표했다. 메탄올 개질형이며, 자체 개발한 50kW 연료 전지 유닛과 3상 유도 모터, 보조 배터리, 모터 어시스트, 에너지 회생 기능을 갖춘 하이브리드 카이다. 최고 속도 120km/h, 제로 → 100km/h 가속 20초의 성능을 보였다.

유럽의 중소기업 오펠이 만든 자피라. 메탄올 개질형 하이브리드 방식을 채용했다.

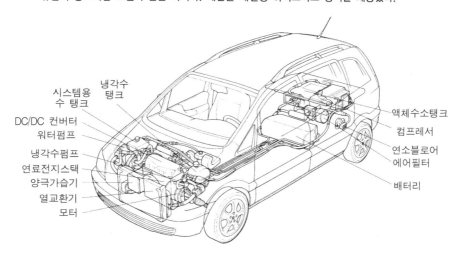

시스템용 수 탱크
냉각수 탱크
DC/DC 컨버터
워터펌프
냉각수펌프
연료전지스택
양극가습기
열교환기
모터

액체수소탱크
컴프레서
연소블로어
에어필터
배터리

자피라 베이스의 하이드로젠1. 액체 수소 탑재

1994년 4월 GM/ 오펠과 도요타는 향후 5년간의 공동 연구 계획을 발표함으로서 연료 전지 개발에서 양사의 접근이 이루어졌다. 10월에는 GAPC가 섭씨 영하 20도에서 연료 전지 기동, 전력 발생에 성공했다.

2000년 제네바 모터쇼에서 GM/ 오펠은 하이드로젠1을 발표했다. 이것도 자피라를 베이스로 한 모델인데 액체 수소를 탑재하고 있는 점이 달랐다. 75리터 액체 수소는 특수 단열 처리한 탱크에서 섭씨 영하 253도로 유지된다. 연료 전지 유닛은 정격 출력 80kW, 최대 출력 120kW, 모터 출력 55kW이다. 차체 중량 1575kg의 하이드로젠1은 0→100km/h 가속이 16초로 단축되었고, 최고 속도 140km/h, 항속 거리 400km의 성능이다.

2000년 10월 GM은 CaFCP에 가맹하고 하이드로젠1으로 캘리포니아에서 주행 테스트를 시작했다. 그리고 수소 사회의 인프라 구축을 위한 기술을 개발하는 제너럴 하이드로젠 사와 제휴했다. 이 회사는 발라드의 설립 멤버가 만든 회사인데, 연료 전지 스택을 독자적으로 개발해온 GM은 인프라 정비 분야에서는 발라드 그룹과 협조 관계를 맺었다.

2001년 9월 하이드로젠1을 개량한 하이드로젠3가 발표되었다. 이 자동차의 목표는 동력 시스템 성능 및 일상 용도에서의 편의성 향상이다. 하이드로젠1이 필요로 하던 컴포넌트 중 불필요해진 것들을 생략함으로서 대폭적인 경량화가 이루어져 목표치인 1590kg에 더욱 다가섰다.

하이드로젠1의 발전형 하이드로젠3. 보조 배터리 생략으로 경량화를 도모했다.

하이드로젠3가 생략한 부품 중에서 특히 컸던 것이 보조 배터리였다. 구동계 시스템의 한계 부근에서 어시스트하는 것이 역할이었으나, 연료 전지의 성능 향상으로 필요한 전력 공급이 충분해짐으로서 더 이상 필요하지 않게 된 것이다. 이로서 100kg의 경량화와 바닥 높이를 25mm 상승으로 억제할 수 있었다.

에너지 회생 기능의 하이브리드라면 에너지 효율은 더 높아진다. 완전한 연료 전지 구동으로 하느냐, 아니면 하이브리드 방식을 채용하느냐의 선택은 시장의 요구를 수렴해서 판단할 것이라고 GM/ 오펠은 밝혔다고 한다.

하이드로젠3은 전자 트랙션 시스템도 개량되어 더욱 소형화 되었다. DC/AC 컨버터, 전기 모터, P포지션 달린 트랜스미션, 전압 변환기와 드라이브 샤프트 중앙에 위치한 디퍼런셜로 구성되는 일체형 모듈의 중량은 불과 92kg이다. 아 모듈은 표준 자피라 장착 마운트를 그대로 사용할 수 있어서 양산화에 더욱 가까워졌다.

엔진 룸의 연료 전지 스택도 작아졌다. 정격 출력은 80kW에서 94kW로, 최고 출력도 120kW에서 129kW로 향상되었다. 3상 비동기 모터의 출력은 60kW, 최대 토크 215Nm, 최대 회전수 12,000rpm, 기어비 8.67 : 1의 플래니터리 기어를 거쳐 전륜을 구동한다. 최고 속도는 150km/h이다.

2001년 10월 GM은 세계 최초의 가솔린 개질형 연료 전지를 발표하고, 시보레 S-10 픽업 트럭에 탑재해서 2001년 제 35회 동경 모터쇼에 출품했다. 이 개질기는 연료 전지와 조합해서 사용하면 총 40%의 에너지 효율 향상이 가능하며, 이것은 통상 내연 기관 엔진에 비해 50%나 에너지 효율이 좋다고 한다.

GM은 가솔린 개질형을 수소 인프라가 정비될 때까지의 잠정적인 대안으로 보고 있는데, 수소 인프라 확립에 수천억 달러의 비용이 들어갈 것을 생각한다면, 향후 10년 동안만 쓴다고 가정해도 충분히 의의가 있다고 생각하는 듯하다.

2002년 3월 제네바 쇼에서 컨셉카 Hy-Wire(하이와이어)를 발표했다. 특징은 '드라이브 바이 와이어 방식'이다. 자동차의 기능 제어를 기계식이 아닌 전자식으로 실행하는 것인데, 실내에 페달 류가 없고 비행기 조종간처럼 생긴 X드라이브 조종 장치가 있을 뿐이다. 이것으로 가속, 제동, 스티어링 조작 등 모든 것을 실행한다.

페덱스와 계약을 맺고 운용 실증 테스트를 받는 하이드로젠3. 아리아케 수소 충전소 앞에서.

하이드로젠3의 연료 전지 스택과 컨트롤 유닛

2003년 동경 모터쇼에 출품된 페덱스 하이드로젠3와 연료 전지 유닛

HY-Wire에는 또 하나의 특징은 '스케이트 보드형 섀시'이다. 중앙부 두께 11인치(280mm), 가장자리 두께 7인치(178mm)의 널찍한 보드처럼 생긴 섀시 안에 주요 컴포넌츠를 모두 수납했다. 이 스케이트 보드 섀시에 여러 가지 차체를 바꿔 실으면 다양한 차종의 자동차를 만들어 낼 수 있다.

연료 전지나 구동 장치는 기본적으로 하이드로젠3와 동일하지만 장래에는 인 휠 모터 방식을 채용할 계획이라고 한다.

세계 최대의 자동차 제조사인 GM은 도요타와 석유회사 엑슨 모빌, BP 아코모 등과 공동으로 가솔린 개질 분야에서 주도권을 쥐려 하고 있다. 수소 인프라가 정비되기 전까지는 가솔린 개질 방식이 현실적이기 때문이다. 일본의 이스즈, 스즈키, 후지 중공업 등을 비롯해 전 세계 자본과 연료 전지 기술면에서도 공동으로 개발을 추진 중이다.

가솔린 개질형 연료 전지차 시보레 S-10 픽업 트럭.

GM의 컨셉 모델 Hy-Wire. 드라이브 바이 와이어와 스케이트 보드 섀시가 특징이며, 자유로운 차체 설계가 가능하다.

Hy-Wire 스케이트 보드형 섀시.

실내에 돌출 부분이 없고 널찍한 공간을 만들어 내고 있다.

운전 조작계는 기계식이 아니고 모두 전기적으로 실시한다. 종래의 이미지와는 크게 다르다.

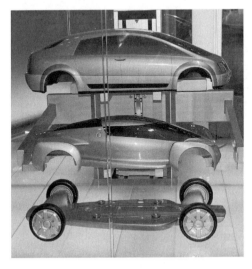

스케이트 보드형 섀시 속에 시스템을 수납하면, 여기에 다양한 차체를 바꿔 실어서 다양한 차량을 만들어낼 수 있다. 사진은 그 개념을 모형으로 나타낸 것.

기본이 되는 스케이트 보드형 섀시의 모형

▪ 포 드

발라드와도 제휴하고 있는 포드는 '캘리포니아 연료 전지 파트너 쉽'에 처음부터 참가하고 있다.

포드 최초의 연료 전지차 P2000 FCV는 1998년에 등장했다. 베이스가 된 차량은 몬데오이며, 휠베이스를 연장하고 알루미늄 재료로 경량화를 추구한 차체에 발라드 연료 전지 마크700을 탑재했다. 압축 수소 41리터들이 탱크를 2개 장착한다.

2000년 1월에 발표한 포커스 FCV는 메탄올 개질형이며 발라드 마크900을 탑재한다. 11월에는 압축 수소 포커스 FCV도 발표하고, 2002년에는 각부를 개량하고 하이브리드 방식을 채용한 포커스 세단 FCV를 완성했다.

포드가 1998년에 발표한 P2000 FCV

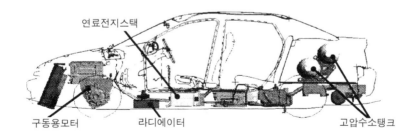

연료전지스택

구동용모터   라디에이터   고압수소탱크

이 포커스 FCV는 300볼트 산요제 배터리 팩과 브레이크 바이 와이어 전자 유압식 직렬 회생 브레이크 시스템을 싣고 있다. 압축 수소 탱크는 24.8MPa에서 34.5MPa로 압력이 향상되었고, 연료 전지는 발라드의 마크902를 탑재한다. 최고 출력 65kW, 최대 토크 190Nm, 최고 속도 128km/h, 순항 거리는 30% 향상된 320km이다. 트랙션 인버터 모듈과 전기 모터 트랜스 액슬을 조합시킨 일체

형 파워 트레인을 장비한다.

포커스 FCV는 이미 정부와 민간 기업에 제공되어 시험 사용 실시 중이다. 앞으로의 양산 예정 모델에 관한 피드백을 고객으로부터 모으고 있다. 시장에 투입하는 것은 2003~2004년일 것이라고 한다.

■ 그 밖의 자동차 제조사들

1999년 4월 CaFCP가 가동되었을 때에 앞서 소개한 자동차 제조사 이외에서 곧바로 참가를 표명한 제조사는 폭스바겐(VW)과 현대였다.

VW는 과거에 발라드 연료 전지의 메탄올 개질형 시험차를 테스트한 적이 있고, CaFCP에는 액체 수소형 보라 하이모션으로 참가했다. 압축 수소 방식의 보라 하이파워로도 테스트를 했는데, 그 이후에는 그다지 적극적이지 않고 정보 발신량도 적다.

한국을 대표하는 현대는 다임러 크라이슬러와 제휴하고 있는데, 전기 자동차를 개량한 압축 수소형 산타페로 참가했다. 2001년 미국에서 열린 '미셰린 비반담 환경 자동차 랠리'에 참가하고, 2002년 '퓨얼 셀 로드 랠리'에 참가하는 등 적극적인 움직임을 보이고 있다.

르노, 푸조 시트로엥 그룹(PSA), 피아트 등의 유럽 제조사는 CaFCP에 참가하지 않고 있다. 유럽에는 "FEVER" 라는 EU(유럽 연합)의 연료 전지 개발 프로젝트가 있다. 이탈리아에는 '디노라' 라는 연료 전지 제조사가 있어서 피아트, 르노, PSA 등에 공급하고 있다. 그러나 현재 커다란 성과는 나타나고 있지 않다. 연료 전지에 관한 정보도 뜸하다. 일본, 미국, 독일과는 개발에 임하는 자세가 다른 것 같다. 그러나 르노는 닛산과 공동 개발하고 있고, 피아트는 GM이 자본 참가하고 있으므로 미국과 일본의 기술을 기대할 수 있다.

폭스바겐은 보라 하이모션으로 CaFCP에 참가하고 있다.

현대는 산타페 연료 전지차로 일찍부터 CaFCP에 참가했다.

■ BMW

BMW는 매우 재미있는 전략을 내놓고 있다. 수소를 보통 엔진의 연료처럼 내연 기관에 사용하려는 것이다. 지금까지 소개해 온 연료 전지차와는 개념이 다르지만 이 책의 마지막을 장식하는 의미로 소개해 본다.

2000년에 수소 엔진 사양 'BMW 750hL'을 15대 생산하고 이듬해에는 'BMW 클린 에너지 월드 투어 2001'이라는 기획으로 동경을 비롯한 세계 5대 도시를 순회하명서 그 이념과 기술을 어필했다.

수소 엔진 자체는 그다지 새로운 기술은 아니다. 일본에도 무사시 공업대학의 후루하마 교수가 1970년대부터 연구 개발했다는 이야기는 유명하다. 마츠다도 한때 중단했었던 수소 로터리 엔진 개발을 부활시켰다. BMW는 앞으로도 수소 엔진을 주축으로 전개해 나아간다는 방침이다.

열효율은 현재 37% 정도인데 10년 후에는 연료 전지와 동등한 50% 수준까지 끌어 올릴 것이라고 한다. 그러나 NOx(질소산화물) 문제는 촉매로 대처할 수밖에 없는 터라 한계가 있고, BMW도 내연 기관으로서의 수소 엔진을 '궁극'의 동력원 이라고는 생각하고 있지 않다.

양산형으로 2003년부터 테스트가 시작된 수소 엔진차 BMW 745h는 최고 속도 215km/h, 항속 거리 300km 이상이다.

수소 액체 탱크를 트렁크에 탑재하는데, 같은 방식의 기술을 보유하고 있는 GM과 공동으로 액체 수소 이용 기술 개발을 추진하고 있다. 가솔린 탱크도 함께 탑재해서 주행 중에 스위치 조작으로 두 가지 연료를 선택 전환할 수 있는 바이퓨얼 기술이다. 수소 인프라가 확립될 때까지의 과도기에는 안성맞춤인 방식이라고 할 수 있다. 당분간은 가능성이 크다고 할 수 있다.

그렇다고 해서 BMW가 연료 전지 분야에서 뒤떨어져 있는가 하면 그건 아니고, BMW도 연료 전지를 개발하고 있다. 위의 수소 엔진 자동차에는 연료 전지도 탑재되어 있는 것이다. 다만 구동용은 아니고 에어컨이나 오디오용 전원으로서, 즉 납전지 대체품으로 탑재한 것이다.

　이것은 엔진의 역할이 구동 전용이 되어 연비가 향상되고, 엔진 정지 시에도 에어컨 작동이 가능하다는 장점이 있다. 그래서 BMW는 통상 내연 엔진 자동차의 연비 향상을 위해 2006년까지 현행 납전지를 가솔린 개질형 연료 전지로 바꾸어간다는 방침을 내놓고 있다.

　BMW는 2020년에는 자사 자동차의 4분의 1을 수소 엔진차로 전환할 것이라고 한다. 수소 인프라 확립에도 노력을 기울이는 BMW가 강조하고 싶은 것은 최종적으로 '연료를 수소로 전환하는 것'의 중요성이다.

내연 기관으로서의 수소 엔진을 생각하는 BMW는 지금도 수소 엔진 개발에 힘을 쏟고 있다. 사진은 역대 수소 엔진 자동차들

2001년에 15대의 수소 엔진차 BMW 750hL을 생산해서 세계 5대 도시를 순회하며 그 이념과 기술을 어필했다.

최신의 수소 엔진차 BMW 745h. 바이 퓨얼 방식으로 가솔린 주행도 가능하지만, 수소만으로도 300km 이상 달릴 수 있다.

액체 수소 탱크. 영하 253℃ 이하로 유지할 필요가 있지만 에너지 밀도는 매우 높다.

수소 엔진이 발휘하는 파워는 최고 속도 215km/h를 달성하고 있다.

에|필|로|그

20세기로 접어들면서 전기와 자동차의 보급으로 우리의 생활은 큰 변화를 겪었다. 풍족한 물질생활은 화석 연료를 중심으로 하는 에너지를 대량으로 소비함으로서 향수할 수 있는 것이었으며, 그것은 현재도 변함이 없다. 그 혜택을 더 누리고자 하는 욕심으로 기술 진화가 촉진되었다. 대량의 에너지를 소비한 대가로서 우리는 지금 다음 세대를 위해 에너지 순환형 사이클을 시스템화하는 과제를 해결해야 한다. 그 주역이 되는 에너지는 수소이며, 이것을 사용해서 전기를 얻는 연료 전지가 주목을 받고 있다.

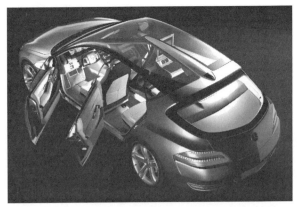

강력한 V8 엔진을 베이스로 한 하이브리드 시스템을 적용한 메르세데스 F500 Mind. 미래적인 이미지의 모터쇼에 전시된 참고출품차이다.

그러나 지금까지 살펴보았듯이 그렇게 쉽사리 수소 에너지 사회로 전환되기란 불가능하다. 과도 이행기의 특징으로서 종래의 시스템을 토대로 하는 개혁이 진행되면서 서서히 바뀌어 가는 것이다.

이 이행기를 효율적으로 통과할 방법을 우리는 모색하고 있다. 자동차를 예로 들면 내연 기관을 사용하면서 모터를 구동용으로 이용하는 하이브리드 카가 바로 이를 위해 탄생된 기술 성과라고 할 수 있다. 그러나 용량이 큰 배터리를 탑재하게 되면 여기에 사용될 니켈 수소나 리튬 이온 배터리의 양이 어마어마해 질 것이다. 그 점을 고려하더라도 연비 성능이나 배기 성능이 향상되는 장점이 더 크다는 결론이 나오는지는 진지하게 생각해야 할 과제이다. 혹은 새로운 기술로 이 문제를 해결할 수 있을 지도 모른다.

하이브리드 카 기술은 도요타가 압도적으로 우위를 차지하고 있는 상황 속에서, 2003년 동경 모터쇼에 다임러 크라이슬러가 'F500 Mind'라는 참고 출품 고급차에 그 시스템을 탑재했다. 이 자동차는 4도어 패스트 백이며, 메르세데스 차로서의 기술 집약체이다. 250마력 V형 8기통 최신예 디젤 엔진에 50kW 모터를 장비하고 있다. S클래스에 탑재하는 강력한 엔진을 모터가 어시스트하는 것인데, 동력 성능은 물론 연비 향상도 기대할 수 있다. 하이브리드 카의 보급을 꾀하는 것이라기보다는 고급차의 선진 기술 도입 일환으로 채용된 것이라 보인다.

미국에서는 2003년 초두에 GM이 하이브리드 카의 연내 발표를 시작으로, 2005년까지 많은 차종에 채용해서 보급한다는 계획을 발표하긴 했지만, 11월에 되어 이 계획을 대폭적으로 연기하게 되었다. 이에 동조하듯이 포드도 하이브리드 카의 판매를 연기하고 있다.

캘리포니아 주 정부는 2000년에 선진 기술을 도입한 ATPZEV(Advanced Technology Partial Zero Emission Vehicle)라는 카테고리를 설립하고, 연료 전지차와 하이브리드 카, 천연가스차 등이 이에 해당한다고 해서 그 보급을 추진하려 하고 있다. 이런 카테고리가 마련된 것은 이들 자동차의 실용화 가능성이 보인다는 것과, 제로 이미션 비클인 전기 자동차 보급이 매우 어렵다는 것이 명확해진 결과이다.

그런 의미로는 연료 전지차의 보급은 아직도 먼 장래의 일이므로 하이브리드 카 보급에 힘을 쏟을 만도 한데, 실제로는 그런 방향으로 미국 제조사가 움직이는 것처럼은 보이지 않는다. GM은 대중차보다는 대형 SUV 등 연비가 떨어지는 차종에 하이브리드 시스템을 채용한다는 방침이다. 하이브리드 카 보급을 도모하기보다는 단숨에 연료 전지차 개발을 추진해서 보급시키려는 방침으로도 해석된다.

그러나 하이브리드 카에 대한 이런 자세는, 도요타 등 일본의 제조사보다 크게 뒤떨어진 분야에서 억지로 경쟁을 하기보다는 연료 전지차 개발에 총력을 기울여서 형세를 단숨에 역전시키려는 의도로 보인다. 그러나 도요타는 하이브리드 카 기술이 연료 전지차 개발에도 연관이 있으며, 기술적으로도 상통하는 것이 있다는 견해를 나타내고 있다.

아무튼 연료 전지는 자동차 분야뿐만이 아니라 사회 전체에 사용될 필수품으로 보급될 것이다. 그 과정에서 자동차 제조사 이외의 분야 기업이 연료 전지차 개발에 관여할 가능성도 있고, 개발과 그 실용화에 있어서는 거액의 비용과 수많은 인재 투입이 있어야 한다.

경우에 따라서는 GM이나 도요타 등 거대 기업조차도 단독으로 일을 추진하기란 힘들 것이다. 그 때문에 새로운 국제적 기업 연합이 탄생하거나, 기업 간의 제휴 등이 이루어지는 등의 큰 파란도 예상된다. 사회가 변하고 그에 맞춰 자동차가 변하려는 시대가 오고 있는 것이다.

◆ 하이브리드 카

정가 19,000원

2007년 5월 21일 초 판 발 행	編 者 : (日本) GP기획센터
2021년 3월 20일 제1판4쇄발행	譯 者 : 유춘 · 임성일 · 김종율 · 김영일 · 정용근

발 행 인 : 김 길 현
발 행 처 : (주) 골든벨
등   록 : 제 1987-000018호
ⓒ 2007 Golden Bell
I S B N : 978-89-7971-747-1

⊕ 04316 서울특별시 용산구 원효로 253(원효로1가 53-1)
TEL : 영업부 (02) 713-4135／편집부 (02) 713-7452 ● FAX : (02) 718-5510
E-mail : 7134135@naver.com ● http : // www.gbbook.co.kr
※ 파본은 구입하신 서점에서 교환해 드립니다.

이 책은 일본의 그랑프리 출판사와 한국의 도서출판 골든벨과 한국어판 독점 출판 계약을 맺었으므로 무단전제와 무단복제를 금합니다.
🄝 원서명 : 最新エンジン · ハイブリッド · 燃料電池の動向